普通高等院校计算机类专业"十三五"规划教材

C#应用程序设计教程

王庆喜　朱丽华　朱玲利　主　编
杨　彩　梁婷婷　冯　岩　夏敏捷　副主编

中国铁道出版社有限公司
CHINA RAILWAY PUBLISHING HOUSE CO., LTD.

内容简介

本书以培养技能为根本,以就业为导向,以职业能力为着力点,全面讲解了C#语言程序设计的相关知识和应用技能,着重强调C#语言应用能力的培养。全书共分13个单元,以任务的形式展开讲解,每个任务分为任务描述、任务分析、基础知识、任务实施、任务拓展5个环节,便于学生在实践中学习。

本书内容充实、结构合理、实用性强、语言通俗易懂,具有明确的应用能力培养目标,学完本书后,学生可具备C#语言程序设计及其解决问题的能力,为就业夯实基础。

本书适合作为普通高等院校计算机专业的教材,也可作为高职高专、成人教育学院和计算机培训学校数据库相关专业的教材,以及软件或数据库开发人员的入门教程。

图书在版编目(CIP)数据

C#应用程序设计教程/王庆喜,朱丽华,朱玲利主编.—北京:
中国铁道出版社,2017.9(2019.12重印)
普通高等院校计算机类专业"十三五"规划教材
ISBN 978-7-113-23354-9

Ⅰ.①C… Ⅱ.①王… ②朱… ③朱… Ⅲ.①C语言-程序设计-高等学校-教材 Ⅳ.①TP312.8

中国版本图书馆 CIP 数据核字(2017)第 179497 号

书　　名:	C#应用程序设计教程
作　　者:	王庆喜　朱丽华　朱玲利　主编

策　　划:	韩从付	读者热线:	(010) 63550836
责任编辑:	周海燕　彭立辉		
编辑助理:	祝和谊		
封面设计:	刘　颖		
责任校对:	张玉华		
责任印制:	郭向伟		

出版发行:	中国铁道出版社有限公司(100054,北京市西城区右安门西街8号)
网　　址:	http://www.tdpress.com/51eds/
印　　刷:	三河市航远印刷有限公司
版　　次:	2017年9月第1版　2019年12月第2次印刷
开　　本:	787mm×1092mm　1/16　印张:18.5　字数:405千
书　　号:	ISBN 978-7-113-23354-9
定　　价:	45.00元

版权所有　侵权必究

凡购买铁道版图书,如有印制质量问题,请与本社教材图书营销部联系调换。电话:(010)63550836
打击盗版举报电话:(010)51873659

前　言

　　随着信息技术的快速发展，计算机行业对应用型人才的需求更加迫切。C#语言程序设计是计算机课程的核心课程，广泛应用于社会生产和生活的各个领域。C#语言程序设计是众多程序设计语言中最流行的语言之一，有关C#语言程序设计的书籍已经很多，但是大多数书籍偏重于理论讲解，较难理解，不适合应用型本科和高职高专的学生。在这样的背景下，我们结合自身多年教学经验编写了本书。

　　本书是C#语言程序设计的入门教程，以培养技能为任务，以就业为导向，以职业能力为着力点，着重强调C#语言程序设计应用能力的培养。全书共分13个单元，包含40个任务。每个任务分为任务描述、任务分析、基础知识、任务实施和任务拓展5个环节，其中基础知识是完成任务必备的知识，简明扼要；任务实施环节是任务的核心，是任务完成的步骤演示，只要跟着任务实施步骤做下来，就可以顺利完成任务；另外，本书还在重点和易错的地方给出注意提示，帮助学生学习和掌握所学内容。

　　本书各单元讲解内容如下：

　　单元一：简单介绍C#语言的开发环境及C#程序开发过程。

　　单元二：讲解C#语言的数据类型、运算符和表达式等。

　　单元三：讲解C#语言的程序控制结构，包括顺序结构、选择结构和循环结构。选择结构主要包括：用if语句实现简单的选择结构、用if语句实现多分支选择结构和用switch语句实现多分支选择结构；循环结构主要包括：用while语句实现循环、用do...while语句实现循环、用for语句实现循环、改变循环执行的状态和嵌套循环。

　　单元四：讲解数组，主要包括定义和引用一维数组、定义和引用二维数组、foreach循环访问数组，以及Array对象的常用方法。

　　单元五：讲解类与对象，主要包括类的概念和定义方法、创建和使用对象、访问修饰符、构造函数和析构函数。

　　单元六：讲解继承与多态，主要包括继承的概念和方法、多态的概念、通过继承实现多态，以及委托的定义和使用。

　　单元七：讲解接口与抽象类，主要包括接口的概念和定义方法、抽象类的定义和使用，以及接口与抽象类的对比。

　　单元八：讲解常用类，主要包括集合类、数学类、日期类、转换类，以及图形图像处理常用类的属性和方法的使用。

　　单元九：讲解异常处理，主要包括异常的概念、常见的异常处理机制及恰当的抛出预定义异常。

　　单元十：讲解窗体和控件，主要包括设置窗体属性及其事件响应、设置常用控件属性及事件响应。

　　单元十一：讲解界面设计，主要包括设计多重窗体、常见对话框的使用，以及菜单、工具栏和状态栏的设计。

单元十二：讲解文件操作，主要包括打开和关闭文件、顺序读/写数据文件和随机读/写数据文件。

单元十三：讲是 C#的数据库编程，主要包括数据库连接、数据库读/写操作、数据绑定等。

本书讲解的是 C#语言程序设计的基础知识，培养的是应用能力，因此应该多思考、多上机练习，从而掌握 C#语言程序设计的知识和技术，达到应用的目标。

本书配备完善的教学资源：教课课件、电子教案、教学大纲、教学计划等，可到 http://www.tdpress.com/51eds/下载。如果在学习和练习过程中遇到问题，欢迎来信交流，联系邮箱：qingxiwang1111@163.com。

本书由王庆喜、朱丽华、朱玲利任主编，由杨彩、梁婷婷、冯岩、夏敏捷任副主编，由王庆喜统一定稿。

本书在编写过程中得到了单位领导、同事和学生的热情帮助和支持，在此表示衷心感谢。

由于时间仓促，编者水平有限，书中疏漏与不妥之处在所难免，敬请读者批评指正。

编　者

2017 年 3 月

目 录

单元一　C#开发环境 1
　　任务一　安装 Visual Studio 2013 1
　　任务二　创建简单 C#程序 9
　　小结 16
　　习题 16

单元二　C#语法基础 18
　　任务一　计算圆的周长和面积 18
　　任务二　温度转换 27
　　任务三　三位数求和 30
　　任务四　求最大值 35
　　任务五　已知三边，求三角形面积 37
　　小结 39
　　习题 39

单元三　程序控制结构 41
　　任务一　输出两个输入整数的和 41
　　任务二　求两个整数的最大值 44
　　任务三　成绩转换（五分制转百分制）...................................... 50
　　任务四　求 1+2+…+100 的和 53
　　任务五　求素数 58
　　任务六　输出 100～200 之间的全部素数 61
　　小结 65
　　习题 65

单元四　数组 68
　　任务一　依次输出 10 个数 68
　　任务二　求数组中的最大的元素 75
　　任务三　数组元素排序 78
　　小结 83
　　习题 83

单元五　类与对象 85
　　任务一　输出学生信息 85
　　任务二　查询学生信息 89
　　任务三　输入学生信息 98
　　小结 105
　　习题 105

单元六　继承与多态 ... 107
任务一　定义具有特性的学生类 ... 107
任务二　实现学生和教师相同操作不同效果 ... 114
任务三　实现两个数的加减乘除运算 ... 120
小结 ... 127
习题 ... 128

单元七　接口与抽象类 ... 129
任务一　实现学生不同方式的自我介绍 ... 129
任务二　正方形和圆形的绘制与旋转 ... 138
任务三　实现小猫"喵喵喵……"与汽车"滴滴滴……" ... 144
小结 ... 150
习题 ... 150

单元八　常用类 ... 152
任务一　实现数据的插入、删除与排序 ... 152
任务二　实现加减乘除的计算器 ... 159
任务三　绘制线条 ... 167
小结 ... 172
习题 ... 172

单元九　异常处理 ... 174
任务　判断输入的年龄信息是否超出范围 ... 174
小结 ... 182
习题 ... 182

单元十　窗体和控件 ... 184
任务一　显示窗体的尺寸与位置 ... 184
任务二　设置字体格式 ... 189
任务三　输入个人信息 ... 195
小结 ... 211
习题 ... 212

单元十一　界面设计 ... 213
任务一　设计登录界面 ... 213
任务二　创建与实现简单菜单 ... 218
任务三　设计简易文本编辑器 ... 228
小结 ... 241
习题 ... 241

单元十二　文件操作 ... 243
任务一　输出文件信息 ... 243
任务二　输入/输出文件 ... 250
小结 ... 258
习题 ... 258

单元十三　数据库编程 259
任务一　管理学生信息 259
任务二　使用数据适配器实现学生信息管理 272
任务三　使用数据源绑定展示学生信息 280
小结 286
习题 286

参考文献 288

单元一

C#开发环境

引言

C#是微软公司软件开发平台.NET提供的4种程序设计语言之一，它具有功能强大、用户界面友好、学习方便、相关资源丰富等特点。

C#程序开发最常用的工具为Visual Studio（简称VS），目前使用较多的版本为2013版，因此本书采用VS 2013集成开发工具开发C#程序。本单元主要介绍VS 2013开发工具以及简单C#程序的开发过程。

要点

- 了解C#语言发展的历史和特点。
- 了解VS 2013在Windows 7操作系统的安装和配置。
- 掌握VS 2013的主要功能和开发界面。
- 熟悉简单C#程序开发的基本步骤。

任务一 安装Visual Studio 2013

任务描述

在Windows 7或更高版本的操作系统安装VS 2013开发工具，并进行简单配置；熟悉VS 2013的主要功能及其开发界面。

任务分析

Windows操作系统简单易用，用户界面友好，因此在Windows上安装软件一般比较简单，VS 2013也不例外，大多情况下按默认设置安装即可。

基础知识

一、C#语言

1. C#的历史

C#是和.NET Framework及开发环境Visual Studio一同成长起来的。

2000年7月，微软公司发布了C#语言的第一个预览版。

2002 年 2 月，微软公司推出.NET Framework 1.0 版和.NET 开发环境 Visual Studio .NET 2002，同时推出 C# 1.0 版。

2003 年 5 月，微软公司推出了.NET Framework 1.1 和 Visual Studio .NET 2003，同时发布了 C# 1.1 版。

2005 年 10 月，微软公司推出了.NET Framework 2.0 和 C# 2.0 版。

2005 年 11 月，微软公司发布 Visual Studio 2005 正式版。

2006 年 11 月，微软公司发布.NET Framework 3.0。

2007 年 8 月，微软公司发布 C# 3.0 版。

2007 年 11 月，微软公司发布.NET Framework 3.5 和 Visual Studio 2008。

2010 年，发布了 C# 4.0 版本和.NET Framework 4 以及 Visual Studio 2010。

2012 年，发布了 C# 5.0 版本和.NET Framework 4.5 以及 Visual Studio 2012。

2013 年，发布了.NET Framework 4.5.1 和 Visual Studio 2013。

2016 年，发布了 C# 6.0 版本和.NET Framework 4.6 及 Visual Studio 2015。

2．C#的特点

C#继承了 C/C++的强大功能，并且抛弃了 C/C++的复杂特性，同时又借鉴了 Java 的优点，具有安全、稳定、简单、易用等特点。此外，C#还具有功能强大、语法简洁、面向对象、提供了完整的可视化集成开发环境、支持组件技术。具有自动内存管理、良好的版本控制能力、功能强大的类库，以及与 Web 紧密结合等优点。

（1）语法简洁：C#语法类似于 C++和 Java，并进行了简化，只保留了常见的形式。

（2）面向对象：C#采用了面向对象设计思想，它将复杂的问题分解为一个个能够完成独立功能的相对简单的对象的集合。C#具有面向对象程序设计语言的所有特征，支持抽象、封装、继承、重载、多态等特性。

（3）可视化集成开发环境：C#采用了可视化编程方式，用户界面良好，采用拖放控件来设计界面，所见即所得，非常方便、高效。Visual Studio 是.NET 平台默认的集成开发环境，在这个环境中，可以进行界面设计、代码编写、调试、编译等工作。

（4）内存管理：C#具有自动内存管理机制，系统会根据一定算法自动回收不再被使用对象所占用的内存。

（5）功能强大的类库：.NET 类库内容非常丰富，通过引用.NET 类库可以方便、高效地完成各种程序设计工作。.NET 架构（.NET Framework）是当前程序设计的主流体系之一，代表了程序设计技术发展的方向。.NET 是个集合，是一个可以作为平台支持下一代 Internet 的可编程结构。

二、C#语言开发工具

1．文本编辑工具

文本编辑工具有很多种，如常用的记事本，这类工具大都非常简单，功能也有限，通常用来开发 C#控制台程序。

2. 集成开发环境

集成开发环境通常是所见即所得的开发工具，通常功能比较强大。

（1）Visual Studio：使用集成开发环境通常可通过拖放控件等方式自动生成一些代码，使开发者更关注程序逻辑结构的开发，大大提高了程序的开发效率。Visual Studio 就是典型的集成开发环境，功能非常强大，几乎可以满足开发者所有的需求。

（2）SharpDevelop：这是一款轻量级的开源免费开发工具，SharpDevelop 支持多种程序语言，包括 C#、Java 以及 VB，同时还支持多种语言界面。

（3）EasyCSharp：这是另一个优秀的 C#程序集成开发环境，使用简便，适合小型 C#应用程序的开发。

三、Visual Studio 2013

VS 2013 内置了多种提高工作效率的功能，如自动补全方括号、快捷键移动整行或整块代码及行内导航。VS 2013 的团队资源管理器可以更简便地导航到团队协作功能。VS 2013 较之前版本新功能如下：

（1）支持 Windows 8.1 APP 开发。VS 2013 提供的工具集非常适合 Windows 平台的应用程序，同时在所有 Microsoft 平台上支持相关设备和服务。

（2）敏捷项目管理。提供敏捷项目组合管理，提高团队协作。

（3）版本控制。VS 一直在改进自身的版本控制功能，包括 Team Explorer 新增的 Connect 功能，可以同时关注多个团队项目。

（4）新增代码信息指示。VS 2013 增强了提示功能，能在编码的同时检查错误，并通过多种指示器进行提示。

（5）测试完善。VS 2013 更进一步完善了测试功能，新增了测试用例管理功能，能够在不开启专业测试客户端的情况下进行测试。

（6）团队协作。VS 2013 中新增 Team Rooms 进一步加强该特性，登记、构建、代码审查等一切操作都会被记录下来。

（7）整合微软 System Center IT 管理平台。VS 2013 还有团队工作室、身份识别、.NET 内存转储分析仪、Git 支持等特性。

任务实施

> **注意：**
> Windows XP 系统自带 IE 浏览器版本为 IE 8，Windows 7 系统自带 IE 浏览器版本为 IE 9，而 VS 2013 的安装需要 IE 10，因此在 Windows 7/XP 系统下安装 VS 2013 需要升级 IE 版本。

Step1：单击"VS 2013 安装程序"，启动 VS 2013 安装界面，如图 1-1 所示。

Step2：选中"我同意许可条款和隐私政策"复选框，如图 1-2 所示。

图 1-1 启动 VS 2013 安装界面

图 1-2 选中许可条款

Step3：单击"下一步"按钮，打开"要安装的可选功能"界面，如图 1-3 所示。

Step4：单击"安装"按钮，启动 VS 2013 的安装，如图 1-4 所示。

图 1-3 安装功能

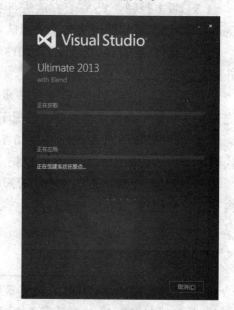

图 1-4 安装过程

Step5：VS 2013 安装完成后，自动打开"启动"界面，如图 1-5 所示。

Step6：单击"启动"按钮，打开"登录"界面，如图 1-6 所示。

图 1-5　安装成功　　　　　　　图 1-6　登录界面

Step7：单击"以后再说"链接，打开"开发设置"界面，如图 1-7 所示。

Step8："开发设置"选择 Visual C#，表示在 Visual Studio 2013 中默认采用 C#语言，如图 1-8 所示。

图 1-7　开发设置界面　　　　　　图 1-8　设置默认开发语言

Step9：单击"启动 Visual Studio"按钮，打开 VS 2013 主界面，如图 1-9 所示。

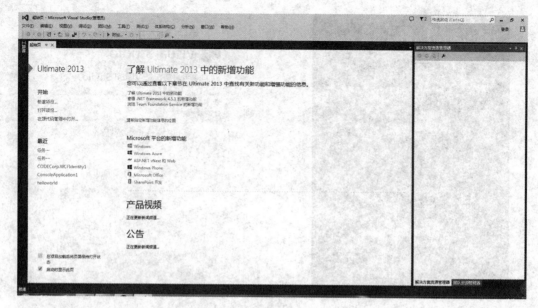

图 1-9　VS 2013 主界面

任务拓展

Visual Studio 2013 主界面由标题栏、菜单栏、工具栏、状态栏，以及若干个窗口构成。

一、菜单栏

Visual Studio 2013 菜单栏共有 11 个菜单项，包含了 Visual Studio 2013 的所有功能。主要功能如下：

（1）文件：项目、网络和文件等的相关操作，如创建、打开、保存、打印等。
（2）编辑：编辑操作，如剪切、复制、查找、替换等。
（3）视图：视图切换及部分设置功能。
（4）调试：与调试程序相关的操作，如设置断点、调试等。
（5）工具：各种工具设置。
（6）窗口：设置窗口的显示方式。

二、工具栏

菜单栏中各菜单项以图标方式显示出来，构成一个个工具按钮，单击一个按钮即相当于执行了某一个菜单项，将同类操作工具按钮放在一起即构成一个工具栏。工具栏显示有两种方式：一种是普通工具栏方式；另一种是浮动面板方式。

三、窗口

窗口是完成各种操作的界面，Visual Studio 默认打开了部分窗口，在"视图"菜单中，列出了 Visual Studio 中所有的窗口，用户可在此设置需要打开哪些窗口。

窗口显示形式有："浮动""可停靠""选项卡式文档""自动隐藏""隐藏" 5 种，用户可以根据自己的爱好选择其一。

1. 设计器/代码窗口

设计器/代码窗口是 Visual Studio 2013 中最重要的窗口，在该窗口中可以打开若干个文件，用户可以通过单击相应的选项卡在各文件间切换。两种视图间的切换可以通过菜单栏中的"视图"→"设计器"来完成，也可以通过双击设计图中的任意对象，将两种视图同时打开后，通过选项卡来切换。

2. 解决方案资源管理器窗口

解决方案资源管理器窗口是 Visual Studio 2013 管理项目、文件和相关资源的主要工具，通过该窗口可以添加、删除、打开、重命名和移动文件，生成可执行程序，发布安装程序等，如图 1-10 所示。

3. 属性窗口

属性窗口可以为 C#的各种控件、组件、容器设置属性，如图 1-11 所示。

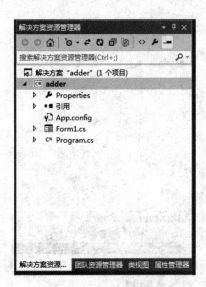

图 1-10 解决方案资源管理器

图 1-11 "属性"窗口

4. 输出窗口

输出窗口显示与项目生成有关的信息。生成是对组成一个项目的所有代码文件进行编译的过程。输出窗口下有若干个选项卡，通过选项卡可以在任务列表、命令窗口和输出等窗口间切换，如图 1-12 所示。

图 1-12 "输出"窗口

5. 工具箱窗口

工具箱窗口默认为自动隐藏形态，用户可以通过工具箱使用各种控件、组件和容器，如图 1-13 所示。

6. 服务器资源管理器窗口

该窗口用于查看本地计算机或远程服务器上的各种资源，包括已设置的数据连接、事件日志、消息队列和性能计数器等，也可以通过该窗口创建、管理、使用数据连接，如图 1-14 所示。

图 1-13 工具箱

图 1-14 服务器资源管理器

任务二 创建简单 C#程序

任务描述

使用 VS 2013 开发 C#语言程序，输出一句话"Hello，World"。

任务分析

本程序只有一个要求，即输出"Hello，World"，但是在编写输出语句之前，需要先打开 VS 2013 创建项目，并且在对应的位置上编写输出"Hello，World"内容。

基础知识

一、创建 C#项目

VS 2013 开发环境中的基本操作：创建项目、编写项目、编译项目和调试项目。

1. 创建项目

选择"文件"→"新建"→"项目"命令，打开"新建项目"对话框。

（1）Windows 窗体应用程序：创建一个窗口程序。
（2）类库：创建 Visual Studio 中的.NET 框架类库。
（3）ASP.NET Web 应用程序、ASP.NET Web 服务应用程序：用于创建 Web 应用程序。
（4）控制台应用程序：创建使用字符界面的应用程序。

2. 编写工程

（1）控制台应用程序：在 Main()方法中编写代码。
（2）窗体应用程序：在设计图中向 Form1 添加控件，编写代码。

3. 编译工程

选择"生成"→"生成解决方案"命令，可对项目进行编译。如果编译成功，则在底部的"输出"窗口中输出。

选择"生成"→"重新生成解决方案"命令，将过去生成的结果删除，然后再生成新的应用程序。

4. 调试方案

单击工具栏中的"启动"按钮，运行程序。

选择"调试"→"启动调试"命令（或直接按【F5】键），启动调试功能。按【Ctrl+F5】组合键是不调试运行程序。

选择"调试"→"逐语句"命令（或直接按【F11】键），启动逐语句调试功能。

二、简单的 C#编程语法

1. C#程序结构

最简单的 C#程序由一个命名空间构成，该命名空间中包含一个类。对于复杂的 C#程序可以包含多个命名空间，在每个命名空间中可以包含多个类。

2. 大小写的敏感性

C#是一种对大小写敏感的语言，同名的大写和小写字母代表不同的对象，因此在输入关键字、变量和函数时必须使用适当的字符。

C#的关键字基本上采用小写，如 if、for、while 等。定义变量时，私有变量的定义一般都以小写字母开头，而公共变量的定义则以大写字母开头。

3. 注释

在程序开发中，注释也是非常重要的。C#提供了以下两种注释类型：

（1）单行注释，注释符号是"//"。

（2）多行注释，注释符号是"/*…*/"。

此外，XML注释符号"///"也可以用来对C#程序进行注释。

4. 语句终止符

每一句C#程序都要以语句终止符来终结，C#的语句终止符是";"。

在C#程序中，可以在一行中写多条语句，但每条语句都要以";"结束，也可以在多行中写一条语句，但是在最后一行以";"结束。

5. 语句块

在C#程序中，用符号"{"和"}"包含起来的程序称为语句块。语句块在条件和循环语句中经常会用到，主要是把重复使用的程序语句放在一起以方便使用，这样有助于程序的结构化。例如：

这段代码用来求100以内的所有偶数的和。

```
int sum = 0;
for (int i =1;i <= 100; i++)
{
    if(i % 2 == 0)
    {
        Sum = sum + i
    }
}
```

6. using 语句

一般每个程序的头部都有一条或若干条"using…"语句，作用是导入命名空间，该语句类似于C和C++中的#include命令。导入命令空间之后，就可以自由地使用其中的元素。

（1）定义命名空间。命名空间是为了避免程序命名的冲突而采取的措施，使用namespace关键字定义命名空间。其格式如下：

```
namespace 命名空间名
{   }
```

花括号中的所有代码都被认为是在这个命名空间中。编译器可以使用在using指令指定的命名空间中的资源。

（2）指定别名。using 关键字的另一个用途是给类和命名空间指定别名，其语法如下：

```
using alias=NamespaceName;
```

三、控件、属性、方法和事件

1. 控件

C#控件是窗体中具有特定功能的元素，或者说是 C#窗体的各类功能单元。

.NET 控件是一个特定的功能单元，每个控件都有自己特定的属性和方法，并且都可以响应特定的事件。

2. 属性

控件属性是控件所具有的一组特征，这些特征描述了控件的名称、位置、颜色、大小等信息，用户可以改变这些特征从而改变控件的状态。

3. 方法

方法是控件所具有的功能或操作，有些方法有参数，使用时要将参数置于方法后的括号中，但方法后的括号不能省略。

4. 事件和事件驱动

在 Windows 窗体应用程序中经常会发生一些操作，如单击、按键、窗体被装载等，这些操作称为事件。事件的本质是对象在发生了某些动作时发出的信息，而对发生的事件做出响应称为事件处理。事件处理是通过编写特定的程序代码来实现的。

任务实施

Step1：打开开发工具 VS 2013，打开方式如图 1-15 所示。

Step2：新建项目。选择"文件"→"新建"→"项目"命令，如图 1-16 所示。

图 1-15　打开 VS 2013

图 1-16　新建项目

在打开的"新建项目"对话框中将项目名称修改为 HelloWorld，项目位置修改为 d:\projects，如图 1-17 所示。

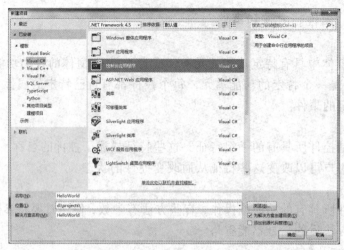

图 1-17 "新建项目"对话框

Step3：单击"确定"按钮，生成项目和部分代码，如图 1-18 所示。

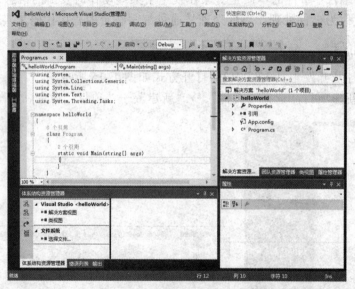

图 1-18 生成项目和部分代码

Step 4：编写代码。在 Main()方法体内输入如下代码。

```
Console.Write("Hello, World");
Console.ReadLine();
```

注意：
　　其中，Console.Write("Hello，World");代码的作用是输出"Hello，World"，Console.ReadLine();代码的作用是读取用户输入，这里是为了阻止窗口关闭。

代码编写完成后，效果如图 1-19 所示。

Step5：单击工具栏中的"启动"按钮，运行程序，输出"Hello，World"，如图 1-20 所示。

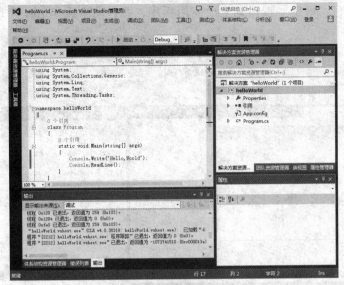

图 1-19 编写代码

图 1-20 程序运行结果

任务拓展

创建简单加法器

在 VS 2013 上开发界面,采用 C#语言实现求两数之和。

Step1:打开开发工具 VS 2013。

Step2:新建项目后,选中"Windows 窗体应用程序",修改项目名称为 adder,修改项目位置为 d:\projects,如图 1-21 所示。

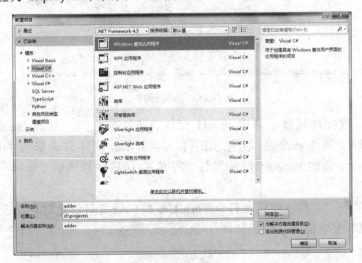

图 1-21 新建项目

Step3：单击"确定"按钮，生成应用程序，并自动生成 Form1 窗口，如图 1-22 所示。

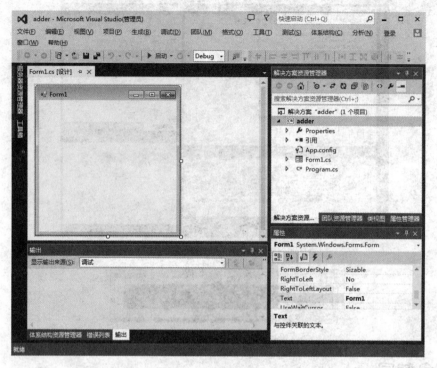

图 1-22　设计窗口

Step4：拖放控件。拖放 3 个 Text 控件、两个 Label 控件和一个 Button 控件，如图 1-23 所示。

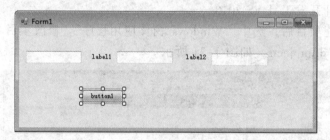

图 1-23　拖放控件

Step5：修改控件属性。选中 label1 控件，进入属性窗口修改 label1 的属性，把 label1 的 Text 属性修改为"+"，如图 1-24 所示。同样方式修改 label2 控件的 Text 属性为"="。修改 button1 控件属性，将其 Text 属性修改为"求和"，如图 1-25 所示。

Step6：双击"求和"按钮，打开 Form1.cs 的代码窗口，光标自动进入按钮单击事件 button1_Click 响应方法中，如图 1-26 所示。

图 1-24 属性设置   图 1-25 属性设置

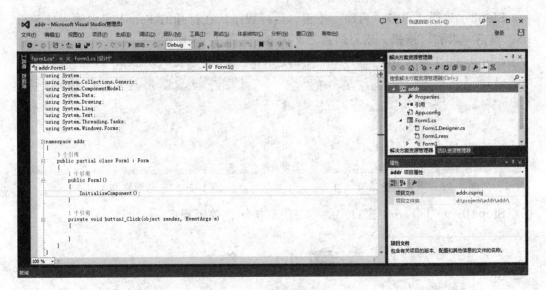

图 1-26 按钮事件

Step7：编写代码。在 button1_Click 事件方法中编写代码。

```
string a = this.textBox1.Text;
string b = this.textBox2.Text;
double c = double.Parse(a)+double.Parse(b);
this.textBox3.Text = c.ToString();
```

代码编写完成后效果如图 1-27 所示。

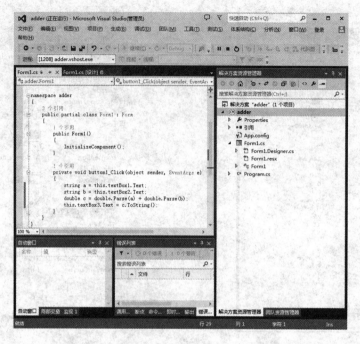

图 1-27 编写代码

Step8：运行。单击"启动"按钮，运行程序，在打开的 Form1 窗中输入 2.5 和 3.5，单击"求和"按钮，求得两数之和为 6，如图 1-28 所示。

Step9：再次输入 100 和 2798.6，单击"求和"按钮，求得两数之和，如图 1-29 所示。

图 1-28 求两数之和（一）

图 1-29 求两数之和（二）

Step10：单击 Form1 窗口中的"关闭"按钮，关闭程序。

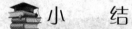

小　　结

本单元重点介绍 Visual Studio 2013 开发环境的安装和使用，以及 C#程序在 VS 2013 环境中的开发。C#语言开发程序主要有控制台程序和 Windows 应用程序。

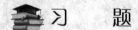

习　　题

一、单选题

1．以下语言，（　　）不是面向对象编程语言。

A. Java   B. C   C. C++   D. C#

2. C#是（　　）公司出品的优秀的集成开发工具中所支持的一种语言。

A. Sun   B. Borland   C. IBM   D. Microsoft

3. using namespace 的作用是表示（　　）。

A. 引入名字空间   B. 使用数据库

C. 使用一个文件   D. 使用一段程序

4. 要使程序不调试运行，需要按（　　）键。

A. F5   B. Ctrl+F5   C. F10   F11

5. （　　）窗口可用于浏览解决方案中的文件。

A. 解决方案资源管理器   B. 动态帮助

C. 属性   D. 工具箱

二、填空题

1. 在C#程序中，程序的执行总是从_____方法开始的。

2. 在C#中，进行注释有两种方法：使用"//"和使用"/*...*/"符号对，其中_____只能进行单行注释。

三、综合题

1. 编写程序，输出"我要学好C#语言"。

2. 运行以下程序输出查看结果。

```
namespace ConsoleApplication1
{
    class Program
    {
        static void Main(string[] args)
        {
            Console.WriteLine("I");
            Console.Write("like");
            Console.WriteLine(" to");
            Console.WriteLine("study");
            Console.Read();
        }
    }
}
```

四、上机编程

1. 编写程序，在屏幕上显示如下图案。

```
****
***
**
*
```

2. 创建减法计算器。模仿任务二的任务拓展，求出两个数字的差。

单元二

C#语法基础

引言

任何编程语言的基础都是数据类型和运算符，C#也不例外。数据类型和运算符是 C#语言的基础，是 C#应用程序的基石。C#支持丰富的数据类型与运算符，适合各种各样的编程。

要点

- 掌握 C#语言的常量和变量的概念、定义和使用。
- 掌握 C#语言的常用数据类型，熟悉数据类型的转换和溢出。
- 掌握 C#语言中的常用运算符。
- 熟悉表达式的概念和使用。
- 掌握 C#语言的赋值运算符。

任务一　计算圆的周长和面积

任务描述

已知圆的半径，求圆的周长和面积，其公式分别为：周长 $c = 2\pi r$，面积 $S = \pi r^2$。

任务分析

本任务根据圆的半径求出圆的周长和面积。周长和面积公式很简单，但是需要计算机处理。计算机处理数据需要定义变量，本任务中需要定义半径、周长和面积 3 个变量。计算机中的变量需要定义其类型，本任务中 3 个变量的类型都是浮点数。

基础知识

一、变量

变量是表示内存地址的名称。变量具有名称、类型和值，变量名是变量在程序源代码中的标识；变量类型确定它所代表的内存的大小和类型；变量值是指它所代表的内存块中的数据。

在程序的执行过程中,变量的值可以发生变化。使用变量之前必须先声明变量,即指定变量的类型和名称。

二、类型

C#是面向对象语言,它的所有数据类型都是类。在 C#中,既可以使用通过类型系统定义的基本类型,也可以使用自定义类型。所有 C#类型都是从 System.Object 类派生来的。

C#语言的类型划分为两大类:引用类型和值类型,如表 2-1 所示。

表 2-1 C#类型系统

类型		说明
值类型	基本类型	有符号整型:sbyte、short、int、long
		无符号整型:byte、ushort、uint、ulong
		Unicode 字符:char
		IEEE 浮点型:float、double
		高精度小数:decimal
		布尔型:bool
	枚举类型	enum E {…} 形式的用户定义的类型
	结构类型	Struct S {…} 形式的用户定义的类型
引用类型	类类型	所有其他类型的最终基类:object
		Unicode 字符串:string
		class C {…} 形式的用户定义的类型
	接口类型	interface I {…} 形式的用户定义的类型
	数组类型	一维和多维数组,例如 int[]和 int[,]
	委托类型	delegate T D(…) 形式的用户定义的类型

值类型与引用类型的区别如下:

(1)值类型的变量直接包含数据,而引用类型的变量存储是对数据的引用(reference),后者称为对象(object)。

(2)对于引用类型,两个变量可能引用同一个对象,因此对一个变量的操作可能影响另一个变量所引用的对象。对于值类型,每个变量都有自己的数据副本,对一个变量的操作不可能影响另一个变量。

1. 引用类型

引用类型是 C#中的主要类型,引用类型变量中存放的是对象的内存地址,对象的值存储在这个地址指示的内存中。

所有"类"都是引用类型,主要包括类、接口、数组和委托。使用引用类型对象时,首先要在托管堆中分配内存,不再需要对象时,由垃圾回收器释放。

2. 值类型

值类型变量用来存放值,在堆栈中进行分配,访问值类型变量时,一般都是直接访问其实例。使用值类型的主要目的是为了提高性能。

3. 基本类型

编译器直接支持的类型叫作基本类型，C#的基本类型实际上都是.NET 框架类库中的 CTS 类型的映射，都是从 System.Object 派生而来的类。C#基本类型如表 2-2 所示。

表 2-2 基本类型

类型	描述
object	所有 CTS 类型的基类
string	字符串
sbyte	有符号 8bit，取值范围介于–128~127 之间
byte	无符号 8bit，取值范围介于 0~255 之间
short	有符号 16bit，取值范围介于–32 768~32 767 之间
ushort	无符号 16bit，取值范围介于 0~65 535 之间
int	有符号 32bit，取值范围介于–2 147 483 648~2 147 483 647 之间
uint	无符号 32bit，取值范围介于 0~4 294 967 295 之间
long	有符号 64bit，
ulong	无符号 64bit，取值范围介于 0~18 446 744 073 709 551 615 之间
char	无符号 16bit Unicode 字符，取值范围介于 0~65 535 之间
float	32bit 浮点数，精度为 7 位，取值范围在 $1.5 \times 10^{-45} \sim 3.4 \times 10^{39}$ 之间
double	64bit 浮点数，精度为 15~16 位，取值范围 $50 \times 10^{-324} \sim 1.7 \times 10^{309}$ 之间
bool	布尔值（true/false）
decimal	decimal 类型是适合财务和货币计算的 128 位数据类型

在基本类型中，object 和 string 是引用类型，其余的类型都是值类型。object 类型是所有其他类型的最终基类。string 类型是直接从 object 继承的密封类类型。string 类的实例表示 Unicode 字符串。string 类型的值可以写为字符串。值类型的基本类型又称简单类型。

（1）整型：C#定义了 8 种整型，即 sbyte、byte、short、ushort、int、uint、long、ulong。

（2）布尔型（bool）：有 true 和 false 两个布尔值。

（3）字符型（char）：其可能值集与 Unicode 字符集相对应。虽然 char 的表示形式与 ushort 相同，但是它们是两种不同的类型，不能等价使用。字符型文本用一对单引号（'）来识别，例如'A'。

要在字符文本中表示一些特殊字符，需要使用转义符。C#转义符如表 2-3 所示。

表 2-3 转义符

转义符	意义
\'	单引号
\"	双引号
\\	反斜杠

续表

转 义 符	意 义
\0	空字符
\a	感叹号
\b	退格
\f	换页
\n	新行
\r	回车
\t	水平制表符
\v	垂直制表符
\x	后面跟4个十六进制数字，表示一个 ASCII 字符
\u	后面跟4个十六进制数字，表示一个 Unicode 字符

（4）浮点型：包括 float 和 double，它们的差别在于取值范围和精度。浮点数以 $s×m×2^e$ 形式表示的非零值的有限集合，其中 s 为 1 或 -1，m 和 e 由特定的浮点型确定：对于 float，为 $0 < m < 2^{24}$ 和 $-149 \leqslant e \leqslant 104$；对于 double，则为 $0 < m < 2^{53}$ 和 $-1\,075 \leqslant e \leqslant 970$。非标准化的浮点数被视为有效非零值。

（5）decimal 型：一种高精度、128 位的数据类型，用于金融和货币的计算。它能表示 28～29 位有效数字，这里指的是位数而不是小数位。运算准确到 28 个小数位的最大值。

与浮点型相比，decimal 类型具有较高的精度，但取值范围较小。

当使用文本来表示 decimal 型数值时，必须使用 m 作后缀，比如 3.1415926m。如果省略了 m，则会被编译器认作 double 型。

（6）string 型：用来表示字符串，即 Unicode 字符的连续集合，通常用于表示文本。string 型是字符型（char）对象的连续集合。string 的值构成该连续集合的内容，并且该值是恒定的，就是说字符串的值一旦创建就不能再修改，除非重新给它赋值。

字符串需要用双引号括起来，例如下面的语句声明了一个字符串，并初始化它的值。

```
string s = "Hello World!";
```

可以使用"+"来连接字符串，也可以使用"+"来连接字符串与其他基本类型，其他基本类型会先转换成字符串，再与字符串相连。

（7）object 型：它是 C#中最基础的类型，可以用来表示任何类型的值。

三、变量操作

变量名用来标识变量，必须符合一定的规则。对变量的基本操作包括声明变量和给变量赋值。

1. 声明变量和变量的作用域

所谓声明变量，就是指定变量的名称和类型。简单的 C#变量声明由一个类型和跟在后面的一个或多个变量组成，多个变量之间用逗号分开，声明以分号结束。例如：

```
int count;
double x, y, z;
```

由一对大括号（"{"和"}"）括起来的一组语句叫作语句块。语句块可以嵌套，即语句块内还可以包含其他的语句块。每一个语句块内都可以声明变量，这些变量叫作语句块的局部变量。局部变量的作用域是指声明变量的语句块内，位于声明变量之后的区域。只有在其作用域内，局部变量才是有效的。

对于值类型变量来说，一旦离开了其作用域，变量就会从堆栈中弹出，马上被释放。对于引用类型变量来说，一旦离开其作用域，它的对象就被公共语言运行时标记为"无效的"，但是不一定会被马上释放，而是等到下一次垃圾收集时才会被垃圾回收器回收释放。

C#的变量名是一种标识符，应该符合标识符的命名规则。基本的变量名规则如下：

（1）变量名只能由字母、数字和下画线组成。

（2）变量名的第一个符号只能是字母和下画线，不能是数字。

（3）不能使用关键字来作变量名。

变量名最好能体现变量的含义和用途。变量名一般采用第一个字母小写的名词，也可以采用多个词构成的组合词。如果变量名由多个词组成，则从第一个词之后的词的第一个字母应该大写。

通过声明变量，编译器将进行如下操作：

（1）给变量分配足够的内存，并将变量名与其内存地址联系起来。

（2）保留变量名，使得同一作用域内的变量不能再使用这个名称。

（3）确保变量的使用方式与其类型始终保持一致。C# 是一种类型安全的语言，C# 编译器保证存储在变量中的值总是具有合适的类型。

2．给变量赋值

C#使用赋值运算符"="（等号）来给变量赋值，将等号右边的值赋给左边的变量。例如：

```
int count;
count = 20;              //将值20赋值给变量count
```

等号的右边也可以是一个已经被赋值的变量。当被赋值的变量是值类型时，就将右边变量的值赋值给左边的变量；当被赋值的变量是引用类型时，就将右边变量的对象赋值给左边的变量。例如：

```
int count, num;
count = 20;              //将值20赋值给变量count
num = count;             //将count的值赋给变量num
string name, userid;
name = "Mary";           //将"Mary"赋值给name
userid = name;           //将对象name赋值给对象userid
```

C#是类型安全的语言，因此，当给一个变量赋值时，值的类型必须满足下列情形之一：

（1）与变量的类型相同。

（2）是一个C#将执行赋值转换的类型。

（3）是一个可以显式转换为正确类型的类型。

使用变量的一个基本原则是：先明确赋值后使用。已经初始化和进行了赋值操作的变量都是已经明确赋值的。

四、常量

常量就是其值固定不变的量,而且常量的值在编译时就已经确定。常量的类型只能为下列类型之一:sbyte、byte、short、ushort、int、uint、long、ulong、char、float、double、decimal、bool、string 或者枚举类型。

C#有两种不同的常量:文本常量和符合常量。文本常量就是输入到程序中的值,如 10、10.5、Mary 等;符合常量与变量相似,也是代表内存地址的名称。与变量不同的是,符合常量的值在定义之后就不能改变了。例如:

```
const double PI = 3.1415926;
const string CompanyName = "Abc Software";
```

任务实施

Step1:打开 VS 2013 开发工具。

Step2:创建控制台程序。

Step3:在 Main()方法中编写代码。

```
double r = 5, l, s;                          //定义3个double型变量,并给r赋值
const double PI = 3.14;                      //定义常量PI并赋值
l = PI * 2 * r;                              //计算周长
s = PI * r * r;                              //计算面积
Console.WriteLine("周长=" + l);              //显示周长
Console.WriteLine("面积=" + s);              //显示面积
Console.ReadLine();                          //等待输入(防止窗口关闭)
```

代码编写完成后效果如图 2-1 所示。

图 2-1 编写代码

Step4:单击"启动"按钮运行程序,运行结果如图 2-2 所示。

Step5:关闭运行结果窗口。

Step6:选择"调试"→"逐语句"命令(见图 2-3),或按【F11】键,逐语句执行程序。

图 2-2　程序运行结果　　　　　　　图 2-3　"调试"菜单

Step7：逐语句执行程序，进入 Main()方法，注意观察左下角的局部变量窗口，如图 2-4 所示。

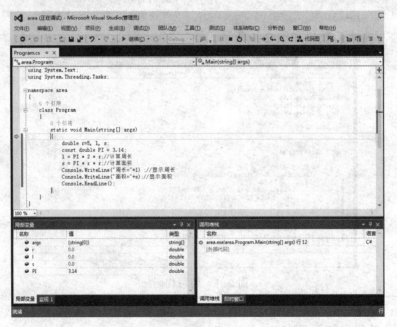

图 2-4　逐语句执行（一）

Step8：按【F11】键 3 次，执行 3 条语句，定义变量，并且 r 和 PI 已经赋值，其他仍是默认值，如图 2-5 所示。

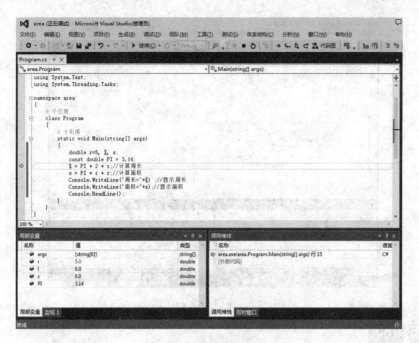

图 2-5 逐语句执行（二）

Step9：按【F11】键执行程序，变量 l 也被赋值，输出周长，如图 2-6 所示。

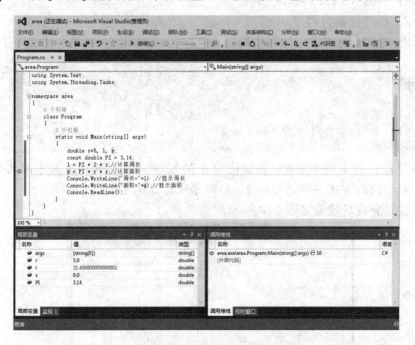

图 2-6 逐语句执行（三）

Step10：按【F11】键执行程序，s 被赋值，输出面积，如图 2-7 所示。

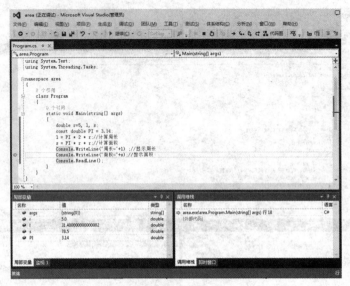

图 2-7 逐语句执行（四）

任务拓展

计算两个数的平均值

Step1：打开 VS 2013 开发工具。
Step2：创建控制台程序。
Step3：在 Main()方法中编写代码。

```
int a, b;
a = 6;
b = 7;
Console.WriteLine("6和7的平均值为：{0}", (6 + 7) / 2);
Console.WriteLine("6和7的平均值为：{0}", (6 + 7) / 2.0);
Console.ReadLine();
```

代码定义了 a、b 两个变量，并赋值为 6 和 7，然后按照两种方式求出其平均值并输出。求平均值的方式一种是除以 2，一种是除以 2.0。

代码编写完成后效果如图 2-8 所示。

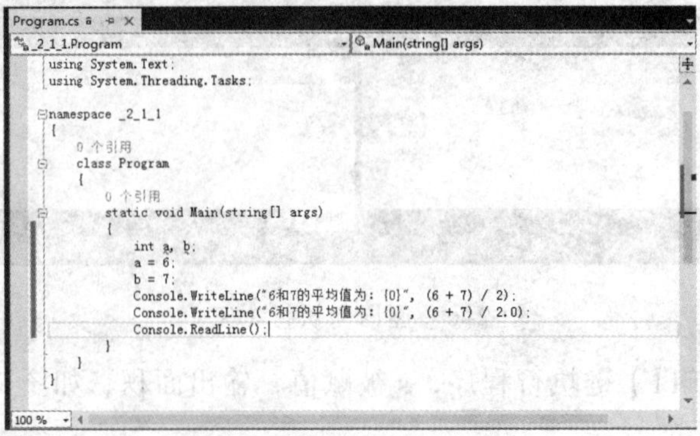

图 2-8 编写代码

Step4：单击"启动"按钮运行程序，运行结果如图 2-9 所示。

两个整数除以 2 和除以 2.0 的结果不同，除以 2 时结果为整数，而除以 2.0 时结果为浮点数。整数的加减乘除等常见数学计算的结果

图 2-9　程序运行结果

仍是整数，因为 13 除以 2 的结果为 6，但是除以 2.0 时，整数会自动转换类型，变为浮点数，然后其结果也为浮点数，因此结果为 6.5。

任务二　温度转换

任务描述
将摄氏温度转换为华氏温度，并输出。

任务分析
摄氏温度转换为华氏温度的数学公式为：F = C* 9/ 5.0 + 32，其中 C 表示摄氏温度，F 表示华氏温度。这里涉及数学计算和赋值，并且计算式涉及浮点数和整数的乘积和求和，这在 C#语言中为数据类型转换。

基础知识

一、类型转换

类型转换就是将一种类型当作另一种类型来使用。转换可以是隐式转换和显式转换。

1. 隐式转换

隐式转换就是系统默认的、不需要加以声明就能进行的转换。隐式转换一般不会失败，也不会导致信息丢失。

隐式数值转换包括：

（1）从 sbyte 到 short、int、long、float、double 或 decimal。

（2）从 byte 到 short、ushort、int、uint、long、ulong、float、double 或 decimal。

（3）从 short 到 int、long、float、double 或 decimal。

（4）从 ushort 到 int、uint、long、ulong、float、double 或 decimal。

（5）从 int 到 long、float、double 或 decimal。

（6）从 uint 到 long、ulong、float、double 或 decimal。

（7）从 long 到 float、double 或 decimal。

（8）从 ulong 到 float、double 或 decimal。

（9）从 char 到 ushort、int、uint、long、ulong、float、double 或 decimal。

（10）从 float 到 double。

各种值类型之间的隐式转换关系如表 2-4 所示。

表 2-4 值类型之间的隐式转换关系

源＼目标	sbyte	byte	short	ushort	int	uint	long	char	float	ulong	decimal	double
sbyte	√	×	√	×	√	×	√	×	√	×	√	√
byte	×	√	√	√	√	√	√	×	√	√	√	√
short	×	×	√	×	√	×	√	×	√	×	√	√
ushort	×	×	×	√	√	√	√	×	√	√	√	√
int	×	×	×	×	√	×	√	×	√	×	√	√
uint	×	×	×	×	×	√	√	×	√	√	√	√
long	×	×	×	×	×	×	√	×	√	×	√	√
char	×	×	×	√	√	√	√	√	√	√	√	√
float	×	×	×	×	×	×	×	×	√	×	×	√
ulong	×	×	×	×	×	×	×	×	√	√	√	√

2. 显式转换

显式转换也称强制性转换，需要在代码中明确地声明要转换的类型。如果要在不存在隐式转换的类型之间进行转换，就需要使用显式转换。显式转换并不总是安全的，可能会导致信息丢失。

由于显式转换包括所有隐式和显式数值转换，因此总是可以使用强制转换表达式从任何数值类型转换为任何其他的数值类型。

值类型之间的显式转换关系如表 2-5 所示。

表 2-5 值类型之间的显式转换关系

源＼目标	sbyte	byte	short	ushort	int	uint	long	char	float	ulong	decimal	double
sbyte	√	√	×	√	×	√	×	√	×	√	×	×
byte	√	√	×	×	×	×	×	√	×	×	×	×
short	√	√	√	√	×	√	×	√	×	√	×	×
ushort	√	√	√	√	×	×	×	√	×	×	×	×
int	√	√	√	√	√	√	×	√	×	√	×	×
uint	√	√	√	√	√	√	×	√	×	×	×	×
long	√	√	√	√	√	√	√	√	×	√	×	×
char	√	√	√	×	×	×	×	√	×	×	×	×
float	√	√	√	√	√	√	√	√	√	√	√	×
ulong	√	√	√	√	√	√	√	√	×	√	×	×
double	√	√	√	√	√	√	√	√	√	√	√	√
decimal	√	√	√	√	√	√	√	√	√	√	√	√

任务实施

Step1：创建控制台程序，在 Main() 方法中代码编写如下代码。

```
double C, F;    //摄氏温度、华氏温度
C = 24.0;
```

```
F = 1.8 * C + 32;
Console.WriteLine("摄氏度"+C+", 转化为华氏度为: "+F) ;
Console.ReadLine();
```

代码定义了 C 和 F 两个变量，赋值 C 为 24.0，使用表达式给 F 赋值，表达式 1.8 * C + 32 的结果为 double 型，因为 1.8*24.0 为 double 型，整型值 32 与 double 型值计算时，隐式转换类型为 double 型。

代码编写完成后效果如图 2-10 所示。

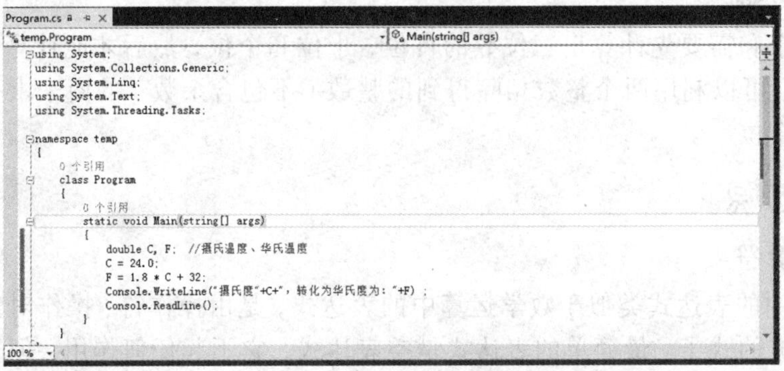

图 2-10　编写代码（一）

Step2：单击"启动"按钮运行程序，运行结果如图 2-11 所示。

图 2-11　程序运行结果

任务拓展

创建控制台项目

编写如图 2-12 所示代码，注意，被注释的代码 "byte c = a + b;"，如果不加注释，则会报错，因为 byte 的取值范围是 0~255，而 a+b 的值为 266，超出了 byte 类型的取值范围。这种现象称作溢出，在选择变量的数据类型时，需要多加注意。

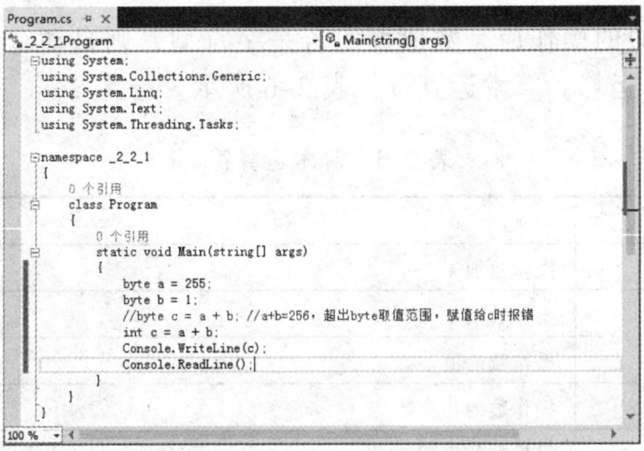

图 2-12　编写代码（二）

任务三　三位数求和

任务描述

计算并输出一个三位整数中各位上的数字之和。

任务分析

三位数求和需要先计算出三位数的百位、十位和个位，然后才能计算百位、十位和个位的和。可以利用两个整数相除得到的整数（不包含余数）的商来求得数字的百位、十位和个位。

基础知识

一、运算符

C#语言中的表达式类似于数学运算中的表达式，是由操作符、操作对象和标点符号等连接而成的式子。最简单的表达式是空表达式，它不起任何作用，但仍然是一个合法的表达式。绝大多数表达式都需要使用操作符来进行运算。

表达式由操作数（即操作对象）和操作符组成。操作数可以是一个变量、常量或另一个表达式，操作符则指明了作用于操作数的操作方式。

（1）一元操作符：作用于一个操作数的操作符，又可以分为前缀操作符和后缀操作符，使用时分别放置于操作数的前面和后面。

（2）二元操作符：作用于两个操作数的操作符，使用时放在两个操作数之间。

（3）三元操作符：作用于3个操作数的操作符。

C#运算符（operator）用于在表达式中对一个或多个操作数进行计算并返回结果。接收一个操作数的运算符称作一元运算符；接收两个操作数的运算符称作二元运算符，如算术运算符+、-、*、/；接收3个操作数的运算符称作三元运算符，条件运算符?:是C#中唯一的三元操作符。

当表达式包含多个运算符时，运算符的优先级控制各运算符的计算顺序。

二、算术运算符

算术运算符两边的操作应是数值型。若是字符型，则自动转换成字符所对应的ASCII码值后再进行运算。算术运算符如表2-6所示。

表2-6　算术运算符

运算符	含义	说明	优先级
++	增量	操作数加1	1
--	减量	操作数减1	1
+	一元加	操作数的值	2
-	一元减	操作数的相反数	2
*	乘法	操作数的积	3

续表

运算符	含义	说明	优先级
/	除法	第二个操作数除第一个操作数	3
%	模数	第二个操作数除第一个操作数后的余数	3
+	加法	两个操作数之和	4
-	减法	从第一个操作数中减去第二个操作数	4

增量运算符（++、--）可以出现在操作数之前（++variable、--variable）或者之后（variable++、variable--）。

三、关系和类型测试运算符

关系和类型测试运算符如表 2-7 所示。

表 2-7 关系和类型测试运算符

运算符	含义	运算符	含义
==	相等	<	小于
!=	不等	<=	小于等于
>	大于	x is T	数据 x 是否属于 T
>=	大于等于	x as T	返回转换为类型 T 的 x，不是 T 返回 null

> **注意：**
> 关系运算符的优先级相同。
> 对于两个预定义的数值类型，关系运算符按照操作数的数值大小进行比较。
> 对于 string 类型，关系运算符比较字符串的值，即按字符的 ASCII 码值从左到右一一比较：首先比较两个字符串的第一个字符，其 ASCII 码值大的字符串大，若第一个字符相等，则继续比较第二个字符，依此类推，直至出现不同的字符为止。

四、逻辑运算符

逻辑运算符如表 2-8 所示。

表 2-8 逻辑运算符

运算符	含义	说明	优先级
!	逻辑非	当操作数为 False 时，返回 True；当操作数为 True 时返回 False	1
&	逻辑与	两个操作数均为 True 时，结果才为 True，否则为 False	2
^	逻辑异或	两个操作数不相同，即一个为 True 一个为 False 时，结果才为 True，否则为 False	3
|	逻辑或	两个操作数中有一个为 True 时，结果即为 True，否则为 False	4
&&	条件与	两个操作数均为 True 时，结果才为 True	5
||	条件或	两个操作数中有一个为 True 时，结果即为 True	6

五、字符串运算符

C#提供的字符串运算符只有"+",用于串联(拼接)两个字符串。

当其中的一个操作数是字符串类型或两个操作数都是字符串类型时,二元"+"运算符执行字符串串联。在字符串串联运算中,如果它的一个操作数为 null,则用空字符串来替换此操作数。否则,任何非字符串参数都通过调用从 object 类型继承的虚 ToString()方法,转换为它的字符串表示形式。如果 ToString()返回 null,则替换成空字符串。

六、位运算符

位运算符如表 2-9 所示。

表 2-9 位运算符

运算符	含义	优先级	运算符	含义	优先级
~	按位求补	1	&	按位逻辑与	3
<<	左移	2	^	按位逻辑异或	4
>>	右移	2	|	按位逻辑或	5

七、其他运算符

sizeof 用于获取值类型的字节大小,仅适用于值类型,而不适用于引用类型。sizeof 运算符只能在不安全代码块中使用。

typedef 用于获取类型的 System.Type 对象,如 System.Type type = typeof(int);。

若要获取表达式的运行时类型,可以使用.NET Framework 方法 GetType()。

任务实施

Step1:在控制台程序中编写代码。

```
int a = 369;
int b = 369 / 100;
int c = (369 - b * 100) / 10;
int d = 369 % 10;
int e = b + c + d;
Console.WriteLine("{0}的各位之和为: {1}", a, e);
Console.ReadLine();
```

369 和 100 两个整数的商仍是一个整数,是舍去余数的商,通过这种特性求出百位的数字。如果想通过同样方式为了求十位的数字,需要先把百位去掉,代码通过 369-百位的数字*100,减去了百位,只保留了十位和个位。个位通过求余方法实现,当然也可以通过(369-b*100-c*10)求得。

编辑完代码后如图 2-13 所示。

Step2:单击"启动"按钮运行程序,运行结果如图 2-14 所示。

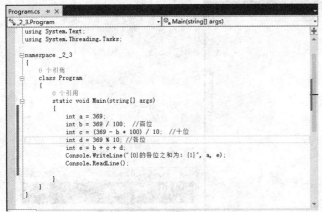

图 2-13 编写代码

图 2-14 程序运行结果

Step3：还可以通过其他方式求解三位数求和。代码如下：

```
int a = 369;
int b = a % 10;           //个位
int c = a / 10 % 10;      //十位
int d = a / 10 / 10 % 10; //百位
int e = b + c + d;
Console.WriteLine("{0}的各位之和为：{1}", a, e);
Console.ReadLine();
```

先求出个位；然后求十位，求十位时通过除以 10 的方式去掉个位，再对 10 求余得到十位；再求百位，求百位时，再除以 10 的基础上再除以 10，去掉十位，再对 10 求余获得百位。

任务拓展

一、观察自加自减的结果

Step1：在控制台程序中编写代码。

```
int i = 9, j = 11;
i++;                      //先使用 i 后加 1, i=10
++j;                      //先加 1 后使用 j, j=12
Console.WriteLine("i={0},j={1}",i,j);
int a = i++;              //先使用 i 后加 1, a=10,i=11
int b = ++j;              //先加 1 后使用 j, j=13, b=13
Console.WriteLine("a={0},b={1},i={2},j={3}", a, b, i, j);
Console.ReadLine();
```

代码编写完成后效果如图 2-15 所示。

i++和++i 的区别在于：前者是先使用 i 的值，然后 i 的值再加 1；后者是 i 的值先加 1，然后再使用 i 的值。第二行、第三行代码因为并没有赋值，因此两者没有区别。第五行和第六行代码有赋值，一个是先赋值再加 1，一个是先加 1 再赋值。

Step2：单击"启动"按钮运行程序，运行结果如图 2-16 所示。

图 2-15 编写代码（一）　　　　　　　　　图 2-16 程序运行结果

二、计算存款

编写程序计算存款本息之和。假设存款本金 capital 为 10000 元，想存 5 年，银行定期存款的年利率 rate 为 2.15%。

Step1：创建控制台程序。

```
double capital = 10000;
double rate = 0.0215;
double n=5;
double total = capital * Math.Pow(1 + rate, n );
Console.WriteLine("本息和: "+ total );
Console.ReadLine();
```

本程序的难点在于：在数学计算中，使用到 Math 类的 Pow()方法，Math 类的方法在单元八中详细讲解。

代码编写完成后效果如图 2-17 所示。

Step2：单击"启动"按钮运行程序，运行结果如图 2-18 所示。

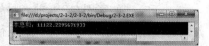

图 2-17 编写代码（二）　　　　　　　　　图 2-18 程序运行结果

任务四 求最大值

任务描述
求出两个数中的最大值并输出。

任务分析
需要判断两个数中哪一个最大,比如 a、b 两个数,如果 a 大于 b 则输出 a,如果 b 大于 a 则输出 b。

基础知识
条件运算符,语法格式如下:

逻辑表达式? 表达式1: 表达式2;

首先计算"逻辑表达式"的值,如果 True,则运算结果为"表达式1"的值,否则运算结果为"表达式2"的值。

计算 a 和 b 两个数中较大的数,并将其赋给变量 max。

max = (a > b)? a: b;

任务实施
Step1:在控制台程序的 Main()方法中编写如下代码。

```
int a, b;
a = 15;
b = 28;
int max = (a > b) ? a : b;
Console.WriteLine("a={0},b={1}, 最大值为: {2}",a,b,max);
Console.ReadLine();
```

其中,int max = (a > b) ? a : b;代码的作用是定义整型变量 max,并把表达式(a > b) ? a : b 的值赋值给 max。而(a > b) ? a : b 为条件表达式,其含义为如果 a>b,则表达式的值为 a,否则为 b。

代码编写完成后效果如图 2-19 所示。

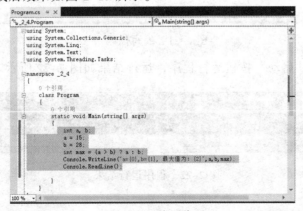

图 2-19 编写代码

Step2：单击"启动"按钮运行程序，运行结果如图 2-20 所示。

图 2-20　程序运行结果

任务拓展

求 3 个数的最大值

Step1：在控制台程序的 Main()方法中编写代码。

```
int a = 15, b = 28, c = 21;
int max1 = (a > b) ? a : b;
int max = (max1 > c) ? max1 : c;
Console.WriteLine("a={0},b={1},c={2},最大值为: {3}", a, b,c, max);
Console.ReadLine();
```

先求出 a、b 的最大值并把最大值赋值给 max1，然后再求 max1 和 c 的最大值，并把最大值赋值给 max。

代码编写完成后效果如图 2-21 所示。

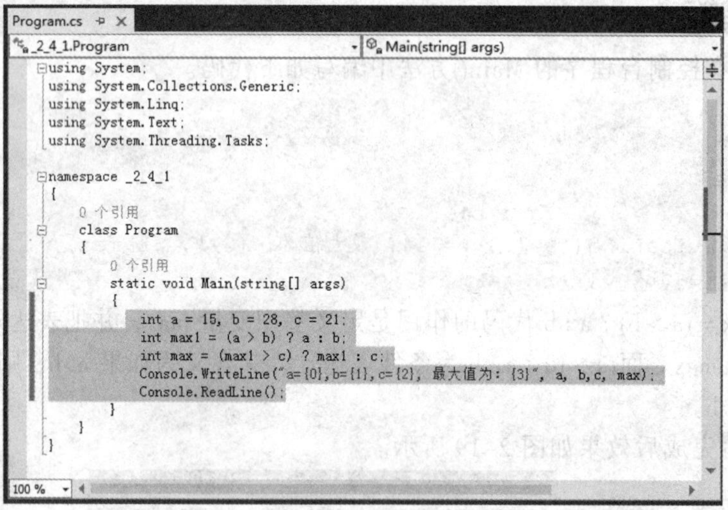

图 2-21　编写代码

Step2：单击"启动"按钮运行程序，运行结果如图 2-22 所示。

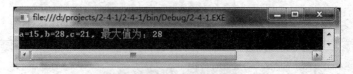

图 2-22　程序运行结果

任务五 已知三边,求三角形面积

任务描述
根据三角形的三条边长,求三角形的面积。

任务分析
设三角形的三条边长为 a,b,c,则三角形面积数学公式:$s=\sqrt{p(p-a)(p-b)(p-c)}$,其中 $p=(a+b+c)/2$。

基础知识

一、简单赋值语句

赋值运算符是符号"=",其作用是将一个数据赋给一个变量。由赋值运算符将一个变量和一个表达式连接起来的式子称为赋值表达式。赋值表达式的一般形式如下:

```
变量=表达式
```

其作用是把赋值运算符右边表达式的值赋给赋值运算符左边的变量。例如:

```
a=1;
b=a;
a=b=c=2;
c=b+a;
```

注意:

(1)赋值运算后,变量原来的值被表达式的值替换。

(2)赋值表达式的值也就是赋值运算符左边变量得到的值,如果右边表达式的值的类型与左边变量的类型不一致,以左边变量的类型为基准,将右边表达式的值的类型无条件地转换为左边变量的类型,相应的赋值表达式的值的类型与被赋值的变量的类型一致。

(3)赋值运算符的优先级很低,仅高于逗号运算符,结合方向为"从左到右"。

二、复合赋值语句

为使程序书写简洁和便于代码优化,可在赋值运算符的前面加上其他常用的运算符,构成复合赋值运算符,相应地,由复合赋值运算符也可构成赋值表达式。复合赋值运算符如表 2-10 所示。

表 2-10 复合赋值运算符

运算符	含义	举例	等效于
+=	加法赋值	sum += item	sum=sum+ item
-=	减法赋值	count -=1	count=count-1
*=	乘法赋值	x *=y+5	x =x* (y+5)
/=	除法赋值	x /= y-z	x= x/ (y-z)

续表

运算符	含义	举例	等效于
%=	取模赋值	x %= 2	x=x % 2
<<=	左移赋值	x <<= y	x = x<<y
>>=	右移赋值	x >>=y	x =x>>y
&=	与赋值	x &=5>3	x =x&(5>3)
|=	或赋值	x |= true	x=x|true
^=	异或赋值	x ^= y	x=x^y

任务实施

Step1：在控制台程序的 Main()方法中编写代码。

```
double a = 3, b = 4, c = 5;
double p = (a + b + c) / 2.0;
double s = Math.Sqrt(p * (p - a) * (p - b) * (p - c));
Console.WriteLine("三边长: {0}, {1}, {2}, 则面积为: {3}", a, b, c, s);
Console.ReadLine();
```

其中，Math.Sqrt 代码是调用了 Math 类的 Sqrt()方法，其功能是求算术平方根，其他代码主要是赋值。代码编写完成后的效果如图 2-23 所示。

Step2：单击"启动"按钮运行程序，运行结果如图 2-24 所示。

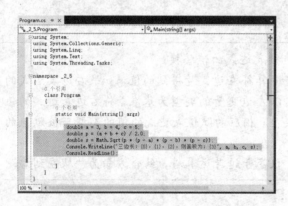

图 2-23 编写代码

图 2-24 程序运行结果

任务拓展

求二次方程的根

Step1：创建控制台程序。

```
double a = 1, b = 3, c = 1;
double d = Math.Sqrt(Math.Pow(b, 2) - 4 * a * c);
double g1 = (-b + d) / 2;
double g2 = (-b - d) / 2;
Console.WriteLine("二次方程的系数: {0}, {1}, {2}, 其根为: {3}, {4}", a, b, c, g1, g2);
Console.ReadLine();
```

其中，"double a = 1, b = 3, c = 1;"定义了 3 个 double 型变量并赋值，而后定义了 d 变量并使用数学方法 Sqrt()给其赋值，然后定义了 g1 和 g2 两个变量并赋值。Sqrt()用于求算术平方根。

代码编写完成后效果如图 2-25 所示。

Step2：单击"启动"按钮运行程序，运行结果如图 2-26 所示。

图 2-25　编写代码

图 2-26　程序运行结果

小　　结

C#中的数据类型分为值类型和引用类型，其中值类型又包括整型、布尔型、实型、结构类型和枚举类型；而引用类型包括类、接口数组和委托。值类型的变量总是直接包含着自身的数据，而引用类型的变量是指向实际数据的地址。

C#规定，在特定的值类型之间及引用类型之间可以进行隐式或显式的类型转换，能够以面向对象的方式来处理一切数据类型。

类型的实例根据其使用方式的不同，可以分为常量和变量。常量和变量都必须先定义后使用。

表达式主要包括算术表达式、赋值表达式、关系表达式、条件逻辑表达式等。通过对这些操作符和表达式的灵活应用，能够满足大多数情况下数据运算和处理的要求。

习　　题

一、单选题

1. C#的数据类型有（　　）。
   A．值类型和调用类型　　　　　　　B．值类型和引用类型
   C．引用类型和关系类型　　　　　　D．关系类型和调用类型
2. 以下运算符中，（　　）是三目运算符。
   A．?:　　　　　　B．--　　　　　　C．=　　　　　　D．<=

3. 字符串连接运算符是（　　）。
   A. +　　　　　B. -　　　　　C. *　　　　　D. /
4. C#语言中，值类型包括：基本值类型、结构类型和（　　）。
   A. 小数类型　　B. 整数类型　　C. 类类型　　D. 枚举类型
5. C#中，回车字符对应的转义字符串为（　　）。
   A. \r　　　　　B. \f　　　　　C. \n　　　　　D. \a
6. 下列语句的输出结果是（　　）。

```
Double MyDouble=123456789;
Console.WriteLine("{0:E}",MyDouble);
```

   A. $123,456,789.00　　　　　　B. 1.2345678E+008
   C. 123,456,789.00　　　　　　　D. 123456789.00
7. 在C#中执行下列语句后整型变量 x 和 y 的值是（　　）。

```
int x=100;
int y=++x;
```

   A. x=100　y=100　　　　　　B. x=101　y=100
   C. x=100　y=101　　　　　　D. x=101　y=101
8. 在C#中无须编写任何代码就能将 int 型数值转换为 double，称为（　　）。
   A. 显式转换　　B. 隐式转换　　C. 数据类型转换　D. 变换
9. "&&" 运算符（　　）。
   A. 执行短路计算　　　　　　　B. 不是关键字
   C. 是一个比较运算符　　　　　D. 的值为真，如果两个操作数都为真

二、填空题

1. 写出下列表达式运算后 a 的值，设原来 a=4。
   a=-2　　　　　　　　a=_____
   a+=a　　　　　　　　a=_____
   a-=2　　　　　　　　a=_____
2. 假设 x=10，写出运算结果。
   x=(x--)+(x--)+(x--)　　　x=_____

三、综合题

1. 编写一个程序，利用求余运算完成24小时制和12小时制之间的转换。
2. 输入两个证书（12和25），求其和、差、积和商。

四、上机编程

1. 求出一个四位数的个位、十位、百位和千位。
2. 从键盘输入一个三位数，输出该数的逆序数。
3. 编写 Windows 应用程序，能够求出输入数值的算术平方根。

单元三

程序控制结构

引言

程序控制分为3种结构：顺序结构、选择结构和循环结构。顺序结构是最简单的程序结构，语句按照从上到下的顺序依次执行。但在现实生活中，还经常需要根据给定的条件进行分析、比较和判断，并按照判断后的不同情况进行不同的处理，如判断学生成绩是否及格，这种问题就属于程序设计中的分支结构。另外，还需要反复进行相同问题的处理，如统计本单位所有人员的工资，逻辑上并不复杂，但顺序结构处理将会产生冗长烦琐的程序。解决这类问题的最好办法就是使用循环结构。

要点

- 掌握C#语言中的输入、输出语句。
- 了解程序控制的概念，掌握选择结构和循环结构的实现。
- 掌握跳转语句和嵌套循环的使用。

任务一 输出两个输入整数的和

任务描述

求两个输入整数的和，并输出到控制台。

任务分析

本任务需要使用C#的输入和输出功能，C#语言使用Console对象从控制台输入和输出的功能。

基础知识

一、输入/输出

C#控制台程序一般使用.NET Framework Console 类提供的输入、输出服务。输出有 Write()、WriteLine()方法，输入有 Read()、ReadLine()和 ReadKey()方法。

Console.WriteLine()方法是将要输出的字符串与换行控制字符一起输出，当语句执行完毕时，光标会移到目前输出字符串的下一行；至于 Console.Write()方法，光标会停在输出字符串的最后一个字符后,不会移动到下一行。

> **注意:**
> Console 类是 System 命名空间的成员。如果程序开头没有包含 using System; 语句,则必须指定 System 类。

二、控制台输出

1. 输出字符串
WriteLine()可输出字符串。

```
Console.WriteLine("Hello World!");
```

2. 输出数字
WriteLine()也可输出数字。

```
int x = 100;
Console.WriteLine(x);
```

3. 输出若干个项
WriteLine()还可以一次输出多项,需要用{0}表示第一项,{1}表示第二项,依此类推。例如:

```
int year = 2017;
string str = "今年是";
Console.WriteLine(" {0} {1}年.", str, year);
```

三、控制台输入

在 C#控制台程序中提供了 3 种方法让用户输入所需数据。

(1) Read()方法:读取单个字符,它等待用户按键输入,然后返回结果。字符作为 int 类型的值返回,所以要显示字符就必须转换为 char 类型。

```
Console.Write("按键之后请按 ENTER 键: ");
ch = (char) Console.Read();
```

(2) ReadLine()方法:读取一串字符,该方法一直读取字符,直到用户按下【Enter】键,然后将它们返回到 string 类型的对象中。

```
Console.WriteLine("请输入一些单词");
str = Console.ReadLine();
```

(3) ReadKey()方法:读取一个按键,与 ReadLine()不同,它是用户按下即读取,而 ReadLine()是等待用户按下【Enter】键。

```
Console.WriteLine("请按键");
str = Console.ReadKey().Key.ToString();
```

任务实施

1. 程序代码

```
Console.WriteLine("请输入第一个整数: ");
String a_string = Console.ReadLine();
Console.WriteLine("请输入第二个整数: ");
string b_string = Console.ReadLine();
int c = int.Parse(a_string) + int.Parse(b_string);
```

```
Console.WriteLine("{0}+{1}={2}", a_string, b_string, c);
Console.ReadLine();
```

2. 程序分析

Console.ReadLine()方法从控制台读取用户输入，返回一个字符串。本任务要求计算两数之和，因此需要把字符串使用 int.Parse()方法转化为整数。一次输出 3 个变量的值，并以数学式子 a+b=c 的形式输出。

3. 程序执行

单击"启动"按钮，运行程序，如图 3-1 所示。输入 12 后按【Enter】键，运行结果如图 3-2 所示。输入 18 后按【Enter】键计算出结果，如图 3-3 所示。

图 3-1 运行程序

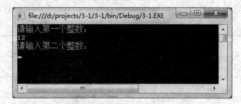
图 3-2 输入数据

图 3-3 计算结果

任务拓展

大小写转换

把输入的大写字符转换为小写字符。

1. 程序代码

```
Console.Write("请输入大写字符: ");
Console.WriteLine();
char C = (char) Console.Read();
char c = (char)(C+32);
Console.WriteLine("{0}对应的是: {1}",C,c);
Console.ReadKey();
```

2. 程序分析

Console.Read()方法读取一个大写字符，大写字符 C+32 的计算过程为：大写字符先转化为 ASCII 码，再计算与 32 的和，之后转化为字符，正好是对应的小写字符。

3. 运行结果

程序运行结果如图 3-4 所示。

图 3-4 程序运行结果

4. 其他方法

使用 char 的 ToLower()方法：

```
Console.Write("请输入大写字符: ");
Console.WriteLine();
char C = (char) Console.Read();
//char c = (char)(C+32);
char c = char.ToLower(C);
Console.WriteLine("{0}对应的时: {1}",C,c);
Console.ReadKey();
```

除 ToLower()方法之外，char 还有其他方法，常见方法如表 3-1 所示。

表 3-1 char 常用方法

名称	说明	名称	说明
CompareTo()	字符比较	IsUpper()	是否属于大写字母
Equals()	判断字符相等	IsWhiteSpace()	是否属于空格
IsDigit()	是否属于十进制数字	Parse()	转换为它的等效 Unicode 字符
IsLetter()	是否属于 Unicode 字母	ToLower()	转换为它的小写
IsLower()	是否属于小写字母类别	ToUpper()	转换为它的大写
IsNumber()	是否属于数字		

5. 字符串的大小写转换

程序代码：

```
Console.Write("请输入大写字符串: ");
Console.WriteLine();
string C_string = Console.ReadLine();
string c_string = C_string.ToLower();
Console.WriteLine("{0}对应的是: {1}",C_string,c_string);
Console.ReadKey();
```

程序运行结果如图 3-5 所示。

本程序使用到了字符串的 ToLower()方法，字符串的方法将在项目八讲解。

图 3-5 程序运行结果

任务二 求两个整数的最大值

任务描述

输入两个整数，输出其中值较大者。

任务分析

本任务的核心是求出两个数的最大值，例如两个整数为 a、b，如果 a>=b，则输出 a，否则输出 b。

基础知识

一、语句

语句是程序的基本组成部分，正是一条条语句组成了程序。在 C#中，除了单行语句外，还有一些复杂的语句，用来帮助完成比较复杂的逻辑程序。

条件语句通过判断条件是否为真来执行相应的语句块。在 C#中，有两种形式的条件语句结构：if 语句和 switch 语句。

二、if 语句

if 语句的语法如下：

```
if (条件)
{
    执行的语句;
}
else
{
    执行的语句;
}
```

if 语句根据条件的真假来执行相应的语句块，如果条件为真，则执行 if 语句块；如果为假，则执行 else 语句块。

例如，求两个数中的最大者，代码如下：

```
int a = 2;
int b = 5;
int max;
if(a >b )
{
   max = a;
}
else
{
    max=b;
}
```

注意：
（1）如果执行的语句只有一条，则可以省略花括号。
（2）if 语句中条件表达式的结果必须等于布尔值。

三、if 语句变化

if 语句还有几个变化形式，可以单独使用 if 语句，而不加 else 语句。如果有多个条件需要判断，也可以通过添加 else if 语句。

```
if(条件)
{

}
```

或者
```
if(条件1)
{

}
else if(条件2)
{

}
…
else
{

}
```

任务实施

1. 程序代码

```
Console.WriteLine("请输入第一个整数: ");
String a_string = Console.ReadLine();
Console.WriteLine("请输入第二个整数: ");
string b_string = Console.ReadLine();
int a = int.Parse(a_string);
int b = int.Parse(b_string);
int max = 0;
if(a>b)
{
    max = a;
}
else
{
    max = b;
}
Console.WriteLine("两个整数{0},{1}中, 最大值是: {2}", a, b, max);
Console.ReadLine();
```

2. 程序分析

求两个数a、b的最大值。如果a>b为真，则最大值为a，否则为b。本程序使用if语句实现。

3. 运行结果

输入12、25两个整数时，输出最大值为25，运行结果如图3-6所示。

输入25、12两个整数时，输出最大值为25，运行结果如图3-7所示。

图3-6　程序运行结果（一）

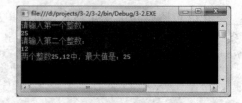
图3-7　程序运行结果（二）

任务拓展

一、求3个整数的最大值

1. 程序代码

```
Console.WriteLine("请输入第一个整数: ");
string a_string = Console.ReadLine();
Console.WriteLine("请输入第二个整数: ");
string b_string = Console.ReadLine();
Console.WriteLine("请输入第三个整数: ");
string c_string = Console.ReadLine();
int a = int.Parse(a_string);
int b = int.Parse(b_string);
int c = int.Parse(c_string);
int max, max1;
if (a > b)
{
    max1 = a;
}
else
{
    max1 = b;
}
if (max1 > c)
{
    max = max1;
}
else
{
    max = c;
}
Console.WriteLine("{0},{1},{2}的最大值: {3}",a,b,c,max);
Console.ReadLine();
```

2. 程序分析

3个数求最大可以转化为先求前两个数的最大值max1，再求max1与第三个数的最大值。

3. 运行结果

程序运行结果如图3-8所示。

图3-8 程序运行结果

4. 其他方法

```
Console.WriteLine("请输入第一个整数: ");
```

```
string a_string = Console.ReadLine();
Console.WriteLine("请输入第二个整数: ");
string b_string = Console.ReadLine();
Console.WriteLine("请输入第三个整数: ");
string c_string = Console.ReadLine();
int a = int.Parse(a_string);
int b = int.Parse(b_string);
int c = int.Parse(c_string);
int max = -100000;
if (a >max)
{
    max = a;
}
if (b > max)
{
    max = b;
}
if (c > max)
{
    max = c;
}
Console.WriteLine("{0},{1},{2}的最大值: {3}",a,b,c,max);
Console.ReadLine();
```

注意：

本题设最大值的初始值为-100000，这个要根据实际求解的问题来确定，一般在求最大值时，设置为一个极小的值，在求最小值时，设置为一个极大的值。

二、判断一个数是否为水仙花数

水仙花数是指一个 3 位数字，它各位数字的 3 次幂之和等于它本身。例如，153 是一个水仙花数，因为

$$153 = 1^3 + 5^3 + 3^3$$

1. 程序代码

```
Console.WriteLine("请输入第一个整数: ");
string a_string = Console.ReadLine();
int a = int.Parse(a_string);
string f = "不是";
int g = a % 10;
int s = a / 10 % 10;
int b = a / 10 / 10 % 10;
if(a == b*b*b+s*s*s+g*g*g)
{
    f = "是";
}
Console.WriteLine("{0}{1}水仙花数", a,f);
Console.ReadLine();
```

2. 程序分析

三位数的数字对 10 求余结果是个位数字；三位数被 10 整除的结果是去掉个位数

的数字。

3．运行结果

输入 153，输出"153 是水仙花数"，如图 3-9 所示。

输入 184，输出"184 不是水仙花数"，如图 3-10 所示。

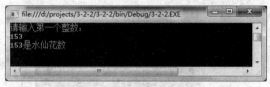

图 3-9　程序运行结果（一）

图 3-10　程序运行结果（二）

4．其他方法

程序中的 if 条件可以使用其他方式表示。

a == b*b*b+s*s*s+g*g*g 可以写成 a == Math.Pow(b, 3) + Math.Pow(s, 3) + Math.Pow(g, 3)。

三、简单计算器

输入两个整数，再输入加减乘除运算中的任何一个运算符，求其结果并输出。

1．程序代码

```
Console.WriteLine("请输入第一个整数: ");
String a_string = Console.ReadLine();
Console.WriteLine("请输入第二个整数: ");
string b_string = Console.ReadLine();
Console.WriteLine("请输入运算(+,-,*,/):");
String c_string = Console.ReadLine();
int a = int.Parse(a_string);
int b = int.Parse(b_string);
int d=0;
if(c_string=="+")
{
    d = a + b;
}
else if (c_string == "-")
{
    d= a - b;
}
else if(c_string=="*")
{
    d = a * b;
}
else if (c_string == "/")
{
    d = a / b;
}
Console.WriteLine("{0}{1}{2}={3}", a, c_string, b, d);
Console.ReadLine();
```

2．程序分析

输入两个整数，再输入运算符。根据运算符的值，对两个整数求和、求余、求积或求商。用 if 判断运算符是"+、-、*、/"中的哪一个。

3. 运行结果

依次输入"8，4，/"后按【Enter】键，运行结果如图 3-11 所示。
依次输入"3，5，+"后按【Enter】键，运行结果如图 3-12 所示。

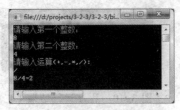

图 3-11　程序运行结果（一）

图 3-12　程序运行结果（二）

任务三　成绩转换（五分制转百分制）

任务描述

把输入的五分制（A、B、C、D、E）成绩转换为对应的百分制成绩。

任务分析

成绩转换是把 A、B、C、D、E 五个成绩值转化为对应的百分制成绩，可以使用任务二的 if 语句实现，也可以使用 switch 语句实现。

基础知识

一、switch 语句

switch 语句的结构形式如下：

```
switch（条件表达式）
{
    case 条件 1：
        执行的语句；
        break;
    case 条件 2
        执行的语句；
        break;
    case 条件 n
        执行的语句；
        break;
    default:
        执行的语句；
        break;
}
```

程序在运行时，从前到后，把条件表达式的值与存在的条件进行比对，若相同则执行该语句，执行完该语句后跳出 switch 语句块；若没有满足条件存在，则执行 default 分支，因此在编写程序时可以把不能清晰定义的情况放在 default 分支中来处理。

二、注意事项

分支 switch 语句需要注意：

（1）需要使用 break 语句跳出 switch 结构，否则会执行其后的每一个 case 语句。

（2）case 后常量表达式的值不能相同。

（3）default 可以省略，也可以放在其他位置。

任务实施

1. 程序代码

```
Console.WriteLine("请输入五分制成绩: ");
string score = Console.ReadLine();
string output = "";
switch(score)
{
    case "A" :
        output = "90~100分";
        break;
    case "B":
        output = "80~89分";
        break;
    case "C":
        output = "70~79分";
        break;
    case "D":
        output = "60~69分";
        break;
    case "E":
        output = "0~59分";
        break;
    default:
        output = "成绩错误";
        break;
}
Console.WriteLine("{0}对应的时: {1}", score, output);
Console.ReadLine();
```

2. 程序分析

根据输入的字符串是 A、B、C、D、E 输出对应用百分制，值 score 表示五分制的值。

3. 运行结果

输入 A，输出 "A 对应的是：90~100 分"，如图 3-13 所示。

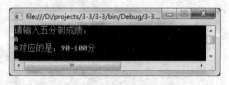

图 3-13　程序运行结果

任务拓展

成绩转换（百分制转五分制）

1. 程序代码

```
Console.WriteLine("请输入百分制成绩: ");
string scoreString = Console.ReadLine();
```

```
int score = int.Parse(scoreString);
int s = score / 10;
string output = "";
switch (s)
{
    case 10:
        output = "优秀";
        break;
    case 9:
        output = "优秀";
        break;
    case 8:
        output = "良好";
        break;
    case 7:
        output = "中等";
        break;
    case 6:
        output = "及格";
        break;
    case 5:
        output = "不及格";
        break;
    case 4:
        output = "不及格";
        break;
    case 3:
        output = "不及格";
        break;
    case 2:
        output = "不及格";
        break;
    case 1:
        output = "不及格";
        break;
    case 0:
        output = "不及格";
        break;
    default:
        output = "成绩错误";
        break;
}
Console.WriteLine("{0}对应的是: {1}", score, output);
Console.ReadLine();
```

2. 程序分析

百分制成绩从 0 到 100 有 101 个值。如果 101 个值分别写 case，程序将太冗长，因此先使用百分制成绩被 10 整除获得去掉个位数的十分制成绩。这样简化了百分制成绩的取值。

3. 运行结果

输入 100，输出"100 对应的是：优秀"，如图 3-14 所示。

图 3-14　程序运行结果

任务四　求 1+2+…+100 的和

任务描述

求 1~100 之间所有整数的和并输出。

任务分析

本任务按传统求解方法太麻烦，高斯曾经巧妙解题。本任务在计算机强大计算能力的基础上，利用循环解决。

注意：
循环是计算机思维，与人的思维差别巨大。需要理解并适应这种计算机思维。

基础知识

一、do…while 循环

do…while 循环的结构形式如下：

```
do
{
    执行的语句;
}while(条件);
```

do…while 循环在执行时将先执行一次循环，然后再验证条件，如果条件为真，则继续循环。因此，do…while 循环将至少被执行一次。

二、while 循环

while 循环的结构形式如下：

```
while(条件)
    执行的语句;
```

在循环开始前，如果不知道循环的次数，可以使用 while 循环。在循环开始前，先检测条件是否为 true，然后再决定是否执行循环。

三、for 循环

for 循环的结构形式如下：

```
for(initializer; condition; iterator)
```

```
{
    执行的语句；
}
```

其中：

（1）initializer 是执行第一次循环之前要对条件进行初始化的表达式。

（2）condition 是在每次循环之前要判断的条件。

（3）iterator 是每次循环之后要计算的表达式。

四、foreach 循环

foreach 循环用来实现对集合中的每一项都遍历的循环，将在单元四中讲解。

任务实施

一、do…while 实现

1. 程序代码

```
int i = 1, sum = 0;
do
{
    sum += i;
    i++;
}while(i<=100);
Console.WriteLine("1+2+…+100 的和：{0}", sum);
Console.ReadLine();
```

2. 程序分析

变量 i 的初始值为 1，变量 sum 的初始值为 0。变量 i 的值为依次加 1，分别表示 1，2，3，…，100，而 sum 依次加 i，分别表示加 1，2，3，…，100，即为 1+2+3+…+100 的和。

3. 运行结果

程序运行结果如图 3-15 所示。

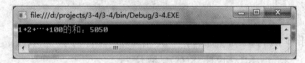

图 3-15　程序运行结果

二、while 实现

1. 程序代码

```
int i = 1, sum = 0;
while(i<=100)
{
    sum += i;
    i++;
}
Console.WriteLine("1+2+…+100 的和：{0}", sum);
Console.ReadLine();
```

2. 程序分析

先跳转，后执行，其他与 do...while 相同。

三、for 实现

1. 程序代码

```
int i , sum = 0;
for(i=1;i<=100;i++)
{
    sum += i;
}
Console.WriteLine("1+2+…+100 的和：{0}", sum);
Console.ReadLine();
```

2. 程序分析

使用 for 实现循环，过程如下：

i=1 时，i<100，执行 sum=0+1=1。
i=2 时，i<100，执行 sum=1+2=3。
i=3 时，i<10，执行 sum=3+3=6。
依此类推，求解题目。

任务拓展

一、求 1*3*…*9 的积

1. 程序代码

```
int i=1, product= 1;
do
{
    product *= i;
    i += 2;
} while (i <= 9);
Console.WriteLine("1*3*5*…*9 的积是：{0}", product);
Console.ReadLine();
```

2. 程序分析

此题目与 1+2+3+…+100 类似，但需注意两条：

（1）递增幅度为 2，因此不能使用 i++，而是 i+=2。

（2）product 不能设为 0，而是设为 1。加 0 等于没有加，乘 1 也等于没有乘。

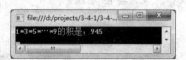

3. 运行结果

程序运行结果如图 3-16 所示。

图 3-16　程序运行结果

4. 其他方法

（1）while 实现：

```
int i = 1, product = 1;
while (i <= 9)
{
```

```
        product *= i;
        i += 2;
}
Console.WriteLine("1*3*5*…*9的积是: {0}", product);
Console.ReadLine();
```

（2）for 实现：

```
int i , product = 1;
for (i = 1; i <= 9;i=i+2 )
{
    product *= i;
}
Console.WriteLine("1*3*5*…*9的积是: {0}", product);
Console.ReadLine();
```

二、逆序输出一个整数

当输入为 12345 时，则输出 54321。

1. 程序代码

```
Console.WriteLine("输入一个多位的整数:");
string a_string = Console.ReadLine();
int a = int.Parse(a_string);
for (; a!=0; )
{
    int w = a % 10;
    Console.WriteLine(w);
    a = a / 10;
}
Console.ReadLine();
```

2. 程序分析

整数对 10 求余得到个位数，整数被 10 整除，再对 10 求余得到十位数，整数被 10 整除后再被 10 整除再对 10 求余得到百位，依此类推。可见可以使用循环求解。

3. 运行结果

程序运行结果如图 3-17 所示。

图 3-17　程序运行结果

4. 其他方法

（1）do…while 实现：

```
Console.WriteLine("三位水仙花数: ");
for (int i = 100; i <= 999; i++)
{
    int j, sum = 0, x = i;
    do
    {
        j = x % 10;
        x = x / 10;
        sum += j * j * j;
```

```csharp
        } while (x != 0);
        if (sum == i)
        {
            Console.WriteLine("{0},", i);
        }
    }
    Console.ReadLine();
```

（2）while 实现：

```csharp
Console.WriteLine("三位水仙花数: ");
for (int i = 100; i <= 999; i++)
{
    int j, sum = 0, x = i;
    while ( x != 0 )
    {
        j = x % 10;
        x = x / 10;
        sum += j * j * j;
    }
    if (sum == i)
    {
        Console.WriteLine("{0},", i);
    }
}
Console.ReadLine();
```

三、斐波那契数列

斐波那契数列，又称黄金分割数列，指的是这样一个数列：0、1、1、2、3、5、8、13、21、34、……。在数学上，斐波那契数列以递归的方法定义：$F(0)=0$，$F(1)=1$，$F(n)=F(n-1)+F(n-2)$（$n≥2$，$n \in N^*$）

1. 程序代码

```csharp
int f1 = 1, f2=1;;
int f = 0;
Console.WriteLine(f1);
Console.WriteLine(f2);
for (int i=1;i<=20;i++)
{
    f = f1 + f2;
    Console.WriteLine(f);
    f1 = f2;
    f2 = f;
}
Console.ReadLine();
```

2. 程序分析

根据斐波那契数列定义可知，需要已知第 1 个和第 2 个元素才能求出后面的元素，所以先定义 f1=1，f2=1，然后在循环中先计算 f=f1+f2，而 f=f1+f2 之后，要执行 f1=f2，f2=f，其目的是：f1 和 f2 表示的不仅仅是第 1 个和第 2 个元素，随着循环的进行 f1

和 f2 可以代表 f2、f3、f4、f5、f6 等元素。

3．运行结果

程序运行结果如图 3-18 所示。

四、所有的三位水仙花数

1．程序代码

```
int a,b,c;
Console.Write("三位水仙花数: ");
for(int i=100;i<999;i++)
{
    a = i / 100;
    b = (i - a * 100) / 10;
    c = i - a * 100 - b * 10;
    if(i ==( Math.Pow(a,3)+Math.Pow(b,3)+Math.Pow(c,3)))
    {
        Console.Write("{0},", i);
    }
}
Console.ReadLine();
```

图 3-18　程序运行结果

2．程序分析

前面已学过如何判断一个数是否为水仙花数，此处在前有的基础上加了一个循环判断 100～999 之间所有整数是否为水仙花数。

3．运行结果

程序运行结果如图 3-19 所示。

图 3-19　程序运行结果

任务五　求　素　数

任务描述

判断一个输入的整数是否为素数，如果是则输出"是素数"，否则输出"不是素数"。

任务分析

素数是指除了 1 和自身外没有其他因子的整数，因此需要对其从 2 开始到比自身小 1 的所有整数进行一一验证是否能被整除，若都不能被整除则是素数，否则不是素数。如果能被其中的任何一个数整除，就足以判断不是素数。

基础知识

跳转语句

跳转语句将控制转移到程序的其他部分，跳转语句有以下几种：break 语句、continue 语句、goto 语句、return 语句和 throw 语句。

1. break 语句

break 语句用于终止最近的封闭循环或它所在的 switch 语句。控制传递给终止语句后面的语句。

2. continue

continue 语句用于将控制权传递到它所在的循环语句的下一次循环。

3. goto 语句

goto 语句用于将程序控制权直接传递到标记语句。通常用于将控制权传递给特定的 switch 标签和跳出深嵌套循环。

4. return 语句

return 语句用于终止其所在的方法并将控制权返回给调用方法。

5. throw 语句

throw 语句用于抛出在程序执行期间出现异常情况的信号。通常 throw 语句与 try…catch 或 try…finally 语句一起使用。当引发异常时，程序查找处理此异常的 catch 语句。也可以用 throw 语句重新引发已捕获的异常。

任务实施

1. 程序代码

```
Console.WriteLine("请输入一个正整数: ");
string a_string = Console.ReadLine();
int a = int.Parse(a_string);
bool b = true;
for(int i=2; i<a;i++)
{
    if(a%i == 0)
    {
        b = false;
        break;
    }
}
if (b)
{
    Console.WriteLine("{0}是素数", a);
}
else
{
    Console.WriteLine("{0}不是素数", a);
}
Console.ReadLine();
```

2. 程序分析

变量 i 表示 2~a-1 的数。变量 a 若被 i 整除（i=2，3，…，a-1），就可以判定 a

不是素数，因此不需要再循环，使用 break 语句跳出循环。如果 a 不能被 i 整除（i=2，3，…，a-1），则布尔变量 b 为 true（没有赋 false 值）。

3．运行结果

运行程序，输入 8 后按【Enter】键，输出 "8 不是素数"，如图 3-20 所示。

再次运行程序后，输入 7 后按【Enter】键，输出 "7 是素数"，如图 3-21 所示。

图 3-20　程序运行结果（一）　　　　图 3-21　程序运行结果（二）

4．程序改进

循环中可以使用 Math.Sqrt(a)，代替 a，请从数学角度分析原因。

```
Console.WriteLine("请输入一个正整数: ");
string a_string = Console.ReadLine();
int a = int.Parse(a_string);
bool b = true;
for (int i = 2; i <= Math.Sqrt(a); i++)
{
    if (a % i == 0)
    {
        b = false;
        break;
    }
}
if (b)
{
    Console.WriteLine("{0}是素数", a);
}
else
{
    Console.WriteLine("{0}不是素数", a);
}
Console.ReadLine();
```

任务拓展

求 100～200 之间不能被 3 整除的数

1．程序代码

```
Console.WriteLine("100~200之间不能被3整除的数有: ");
int count=0;
for (int i = 100; i <= 200; i++)
{
    if (i % 3 == 0)
    {
        continue;
    }
```

```
        Console.Write("{0},", i);
        count++;
        if (count % 5 == 0)
        {
            Console.WriteLine();
        }
    }
    Console.ReadLine();
```

2. 程序分析

若满足 i%3==0 则能被 3 整除，不输出，因此需要跳出本次循环，执行下一次循环。count 作用是控制每行输出 5 个数。

3. 运行结果

程序运行结果如图 3-22 所示。

图 3-22 程序运行结果

任务六 输出 100～200 之间的全部素数

任务描述

判断 100～200 之间所有整数是否为素数，并输出所有素数。

任务分析

在任务五中，判断一个数是否为素数，其中使用了循环，本任务需要判断 100～200 之间的 101 个整数是否为素数，需要把任务五的求素数过程循环 101 遍。因此，可知循环中还有循环，这种结构称为嵌套循环。

基础知识

嵌套循环是指一个循环内使用另一个循环。C#中嵌套 for 循环语句的语法如下：

```
for ( init; condition; increment )
{
    for ( init; condition; increment )
    {
        statement(s);
    }
    statement(s);
}
```

C#中嵌套 while 循环语句的语法如下：

```
while(condition)
{
    while(condition)
```

```
    {
        statement(s);
    }
    statement(s);
}
```

C#中嵌套 do...while 循环语句的语法：

```
do
{
    statement(s);
    do
    {
        statement(s);
    }while( condition );
}while( condition );
```

可以在任何类型的循环内嵌套其他任何类型的循环，例如一个 for 循环可以嵌套在一个 while 循环内。

任务实施

1. 程序代码

```
Console.WriteLine("100-200所有素数: ");
for (int i = 100; i <= 200; i++)
{
    int j;
    bool f = true;
    int count = 0;
    for (j = 2; j < i;j++ )
    {
        if (i % j == 0)
        {
            f = false;
            break;
        }
    }
    if (f)
    {
        Console.WriteLine("{0},", i);
    }
}
Console.ReadLine();
```

2. 程序分析

判断一个整数是否为素数，需要使用循环结构。判断 100~200 之间所有的素数，需要把判断一个整数是否为素数的过程执行 101 遍，因此这个过程也是循环，即求素数为循环，100~200 也是一个循环，如此变成了两层循环。两层循环是嵌套循环的一种，嵌套循环可以是两层，也可以是三层、四层的嵌套。

3. 运行结果

程序运行结果如图 3-23 所示。

图 3-23 程序运行结果

任务拓展

一、求 1! + 2! + 3! + … + 10! 的值

1. 程序代码

```
int sum = 0;
for (int i = 1; i <= 10; i++)
{
    int fact = 1;
    for (int j = 1; j <= i; j++)
    {
        fact *= j;
    }
    sum += fact;
}
Console.WriteLine("1! +2! +…+10!等于{0}", sum);
Console.ReadLine();
```

2. 程序分析

n!（n=1,2,…,10）的求法需要循环，另外还需要求 10 个 n 的阶乘的和，这个求和过程也需要循环。因此，结构是两层循环（嵌套循环）。

3. 运行结果

程序运行结果如图 3-24 所示。

图 3-24 程序运行结果

二、求出所有水仙花数

1. 程序代码

```
Console.WriteLine("三位水仙花数: ");
for (int i = 100; i <= 999; i++)
{
```

```
    int j, sum = 0, x=i;
    for (; x != 0; )
    {
        j = x % 10;
        x = x / 10;
        sum += j * j * j;
    }
    if (sum == i)
    {
        Console.WriteLine("{0},",i);
    }
}
Console.ReadLine();
```

2. 程序分析

判断一个整数是否为水仙花数,可以使用顺序结构实现,也可以使用循环结构实现。此处的循环作用是求出个位、十位、百位的值。现在需要判断 100~999 之间所有数是否为水仙花数,又需要一层循环。

3. 运行结果

程序运行结果如图 3-25 所示。

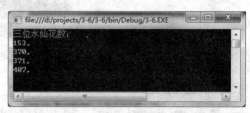

图 3-25 程序运行结果

三、输出矩阵

矩阵 *A*:

1　2　3　4
2　4　6　8
3　6　9　12
4　8　12　16

矩阵 *B*:

1　2　3　4
2　4　6　8
4　8　12　16

1. 程序代码

```
Console.WriteLine("矩阵 A:");
for (int i = 1; i <= 4; i++)
{
    for (int j = 1; j <= 4; j++)
    {
        Console.Write("{0}    ", i*j);
    }
    Console.WriteLine();
}
Console.WriteLine("矩阵 B:");
for (int i = 1; i <= 4; i++)
```

```
        {
            if (i == 3)
            {
                continue;
            }
            for (int j = 1; j <= 4; j++)
            {
                Console.Write("{0}    ", i * j);
            }
            Console.WriteLine();
        }
        Console.ReadLine();
```

2. 程序分析

A 矩阵的特点是元素的值为行号与列号的乘积，用 i 表示行号，用 j 表示列号，则 a[i,j]=i*j。**B** 矩阵的特点是比 **A** 少了第三行，即在输出时，若 i 的值为 3，则不能输出，因此在循环行号 i 为 3 时，使用 break 跳出本次循环，直接进入下一轮的循环。

3. 运行结果

程序运行结果如图 3-26 所示。

图 3-26　程序运行结果

小　　结

使用控制结构能够改变程序执行的流程，从而形成程序的分支和循环。C#中这些控制结构使用的关键字包括：

（1）选择控制：if、else、switch、case。

（2）循环控制：while、do、for、foreach。

（3）跳转控制：break、continue、return。

控制结构是结构化程序设计中的关键要素。把正常的顺序执行与这些选择、循环、跳转语句结合起来，能够在程序中实现各种复杂的算法。

习　　题

一、单选题

1. 已知 x、y、z 的值分别是 5、10、15，执行下列程序段后，判断 a 中存放的值是（　　）。

```
if(x+y<z)
    a=5;
else if(y<x)
    a=y;
```

```
else if(z<y)
    a=z;
else
    a=x+y+z;
```

  A. 5   B. 10   C. 15   D. 30

2. 下列运算符中具有三元运算符的是（　　）。

  A. !=   B. &&   C. || D. ?:

3. 循环语句在程序设计中常用的结构是（　　）。

  A. for 结构、while 结构、if 结构、do…while 结构

  B. for 结构、while 结构、switch..case 结构、do…while 结构

  C. for 结构、while 结构、do…while 结构、foreach 结构

  D. for 结构、while 结构、if 结构、switch…case 结构

4. 当程序中执行到（　　）语句时，将结束所在的循环语句中循环体的一次执行。

  A. continue B. break C. default D. return

二、填空题

1. 程序运行结果为：_____。

```
class Test
{
    static int[] a = {1,2,3,4,5,6,7,8};
    public static void Main ()
    {
        int s0,s1,s2;
        s0=s1=s2=0;
        for (int i=0; i<8; i++)
        {
            switch(a[i] %3)
            {
                case 0: s0+=a[i];break;
                case 1: s1+=a[i];break;
                case 2: s2+=a[i];break;
            }
        }
        console.WriteLine(s0+""+s1+""+s2);
    }
}
```

2. 程序运行结果为：_____。

```
class Mainclass
{
    public static void Main(string[] args)
    {
        int x=10;
        int temp=0;
        for(int i=0;i<x++;i++)
        {
            temp+=i;
```

```
            Console.WriteLine(temp);
            Console.WriteLine();
        }
    }
}
```

三、综合题

1. 利用 C#语言编写一个程序，对输入的 4 个整数，求其中的最大值和最小值。

2. 分别使用 while 和 for 语句，控制台输出 1~20 所有的整数，要求每行显示 5 个数据。

3. 编写一个程序，打印出所有的"水仙花数"，"水仙花数"是指一个 4 位数，它的各位数字立方之和等于该数本身。

4. 编写一个程序，从键盘输入一个字符串，用 foreach 循环语句，统计并输出其中大写字母的个数和小写字母的个数。

5. 购买家用电器，一次购买金额在 10 000 元以上，优惠 800 元；购买金额在 8 000 元以上，优惠 600 元；购买金额在 5 000 元以上，优惠 300 元；若有金卡，还可以在购买总额上优惠 1%；若有银行卡，还可以在购买总额上优惠 0.5%；计算实际优惠金额和实付金额。

6. 设计一个计算器，能够进行加、减、乘、除、求阶乘等运算。

7. 输出每月的天数。

四、上机编程

1. 判断输入年份是否为闰年。

2. 输入三边长，判断三角形的形状（等边三角形、等腰三角形、一般三角形）。

3. 编写程序实现十进制整数转化为二进制整数。

4. 求出 1 000 以内的完数。完数是一个数恰好等于它的各因子之和的正整数，比如 6 有因子 1、2、3，而 1+2+3=6，所以 6 是完数。

单元四

数组

引言

简单问题使用基本数据类型就够了，但是基本数据类型却难以处理复杂的数据，也无法反映出数据的特点。例如，一个学校有 1 000 名教师，需要统计教师的平均工资。理论上很简单：把 1 000 个教师的工资加起来，再除以 1 000 就行了。难点在于如何表示 1 000 名教师的工资。使用简单数据类型处理烦琐，无法反映出数据间的内在联系。本项目将介绍数组的使用。

要点

- 掌握数组的定义、赋值和访问的方法。
- 掌握数组的遍历、排序等方法。

任务一 依次输出 10 个数

任务描述

对 10 个数组元素依次赋值为 0、1、2、3、4、5、6、7、8、9，并按照顺序和逆序的两种方式输出。

任务分析

使用十个数需要定义 10 个变量 $a_1, a_2, \cdots, a_{10}$，并分别赋值，然后再从 $a_1, a_2, \cdots, a_{10}$ 顺序输出，再按 $a_{10}, a_9, \cdots, a_1$ 顺序输出，可见处理太过麻烦。10 个数还能定义，如果是 100 个数，1 000 个数呢？从变量 $a_1, a_2, \cdots, a_{10}$ 可以看出，只是下标不同，因此如果定义带有下标的变量，就能解决本问题，这就是 C#语言中的数组。

基础知识

一、数组概念和维度

1. 数组的概念

数组（array）是一种包含类型相同的若干变量的数据结构，可以通过计算索引来访问这些变量。数组中包含的变量叫作数组的元素（element）。数组的元素都具有相同的类型，该类型称为数组的元素类型。数组的元素类型可以是任意类型，包括数组类型。

2. 数组的维度

数组有一个"秩"，它确定和每个数组元素关联的索引个数。数组的秩又称数组的维度。"秩"为 1 的数组称为一维数组；"秩"大于 1 的数组称为多维数组。根据维度大小确定的多维数组通常称为二维数组、三维数组等。

数组的每个维度都有一个关联的长度，它是一个大于或等于零的整数。维度的长度不是数组类型的组成部分，只与数组类型的实例相关联。维度的长度是在创建实例时确定的。维度的长度确定了维度的索引有效范围：对于长度为 N 的维度，索引的范围可以为 0 到 $N-1$（包括 0 和 $N-1$）。数组中的元素总数是数组中各维度长度的乘积。如果数组的一个或多个维度的长度为零，则称该数组为空。

二、数组定义

一维数组定义语法：

```
数据类型[] 数组名;
```

二维数组定义语法：

```
数据类型[ , ] 数组名;
```

三维数组定义与二维数组类似，只是多了一个维度。

一维数组、二维数组和三维数组的定义例子如下：

```
int[] a1 = new int[10];
int[,] a2 = new int[10, 5];
int[, ,] a3 = new int[10, 5, 2];
```

三、赋值

1. 一维数组赋值

对于一维数组，数组初始值设定项必须包含一个表达式序列，这些表达式是与数组的元素类型兼容的赋值表达式，从下标为零的元素开始，按照升序初始化数组元素。数组初始值设定项中所含的表达式的数目确定正在创建的数组实例的长度。数组赋值如下：

```
int [] a = new int[] {1, 2, 3};
```

等效于：

```
int [] a = new int[3];
a[0] = 1;
a[1] = 2;
a[2] = 3;
```

2. 多维数组赋值

对于多维数组，数组初始值设定项必须具有与数组维数同样多的嵌套级别。最外面的嵌套级别对应于最左边的维度，而最里面的嵌套级别对应于最右边的维度。数组各维度的长度是由数组初始值设定项中相应嵌套级别内的元素数目确定的。对于每个嵌套的数组初始值设定项，元素的数目必须与同一级别的其他数组初始值设定所包含的元素数相同。多维数组赋值如下：

```
int[ ,] b = new int[5, 2];
b[0, 0] = 0; b[0, 1] = 1;
b[1, 0] = 0; b[1, 1] = 3;
b[2, 0] = 0; b[2, 1] = 5;
b[3, 0] = 0; b[3, 1] = 7;
b[4, 0] = 0; b[4, 1] = 9;
```

四、数组元素访问

数组元素访问的结果是变量，即由下标选定的数组元素。

数组元素访问方式：

数组名[下标]

例如，一维数组元素访问：a[3]，表示数组 a 的第 4 个元素，因为数组从零开始计算；多维数组元素访问：a[2,3]。数组定义、赋值和访问示例如下：

```
int[] a = new int[3];
a[0] = 0 * 0;
a[1] = 1 * 1;
a[2] = 2 * 2;
Console.WriteLine("a[0] = {0}", a[0]);
Console.WriteLine("a[1] = {1}", a[1]);
Console.WriteLine("a[2] = {2}", a[2]);
```

五、交错数组

交错数组是数组的数组，因此其元素是引用类型并初始化为 null。数组元素访问格式如下：

```
jaggedArray3[0][1] = 77;
jaggedArray3[2][1] = 88;
```

可以混合使用交错数组和多维数组。

任务实施

1. 程序代码

```
int[] a = new int[10];
for (int i = 0; i < 10; i++)
{
    a[i] = i;
}
Console.WriteLine("顺序输出: ");
for (int i = 0; i < 10; i++)
{
    Console.Write(a[i]+",");
}
Console.WriteLine();
Console.WriteLine("逆序输出: ");
for (int i = 9; i >=0 ; i--)
{
```

```
        Console.Write(a[i] + ",");
    }
    Console.ReadLine();
```

2. 程序分析

定义 a 数组后,使用第一次 for 循环给数组赋值,使用第二次 for 循环顺序输出数组,使用第三次 for 循环逆序输出数组。

3. 运行结果

程序运行结果如图 4-1 所示。

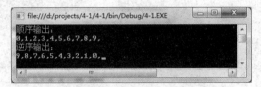

图 4-1　程序运行结果

任务拓展

一、用数组来处理求斐波那契数列问题

1. 程序代码

```
int[] f = new int[20];
f[0] = 1;
f[1] = 1;
for (int i = 2; i <= 19; i++)
{
    f[i] = f[i - 1] + f[i - 2];
}
for (int i = 0; i < 20; i++)
{
    Console.Write("  {0}   ", f[i]);
    if ((i+1) % 5 == 0)
    {
        Console.WriteLine();
    }
}
Console.ReadLine();
```

2. 程序分析

先定义数组 f,给 f[0]、f[1]赋值,然后使用 for 循环分别给 f[2],…,f[19]赋值。

3. 运行结果

程序运行结果如图 4-2 所示。

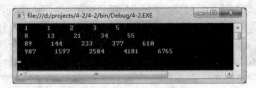

图 4-2　程序运行结果

4. 其他方法

使用递归实现，代码如下：

```csharp
using System;
using System.Collections.Generic;
using System.Linq;
using System.Text;
using System.Threading.Tasks;
namespace _4_1_1
{
    class Program
    {
        static void Main(string[] args)
        {
            for (int i = 1; i <= 20; i++)
            {
                Console.Write("{0,10}", Fib(i));
                if (i % 5 == 0)
                {
                    Console.WriteLine();
                }
            }
            Console.ReadLine();
        }
        private static int Fib(int n)
        {
            if (n == 1)
            {
                return 1;
            }
            else if (n == 2)
            {
                return 1;
            }
            else
            {
                return Fib(n - 1) + Fib(n - 2);
            }
        }
    }
}
```

本程序使用递归计算斐波那契数列各项的值，计算过程是根据公式得来的，易于理解。运行结果如图 4-3 所示。

图 4-3　程序运行结果

二、给一个二维数组输入数据，并以行列形式输出

可以理解为二维数组每一行为一个一维数组，因此就有 m 个一维数组，这个 m 个一维数组可以理解为一个二维数组 a[m][n]。

1. 程序代码

```
int[,] a = { { 11, 12, 13, 14 }, { 21, 22, 23, 24 }, { 31, 32, 33, 34 },
{ 41, 42, 43, 44 } };
for (int i = 0; i < 4; i++)
{
    for (int j = 0; j < 4; j++)
    {
        Console.Write("{0}   ",a[i,j]);
    }
    Console.WriteLine();
}
Console.ReadLine();
```

2. 程序分析

程序中用两层循环，外层变量 i 控制行，内层变量 j 控制列。

3. 运行结果

程序运行结果如图 4-4 所示。

图 4-4　程序运行结果

三、将一个二维数组行和列的元素互换，存在另一个二维数组中

在行列式中，行列互换就是 a[i, j] 与 a[j, i]（i=1,2,…,m;j=1,2,…n）的值互换。

1. 程序代码

```
int[,] a = { { 11, 12, 13, 14 }, { 21, 22, 23, 24 }, { 31, 32, 33, 34 },
{ 41, 42, 43, 44 } };
int[,] b = new int[4, 4];
for (int i = 0; i < 4; i++)
{
    for (int j = 0; j < 4; j++)
    {
        b[i, j] = a[j, i];
    }
}
for (int i = 0; i < 4; i++)
{
    for (int j = 0; j < 4; j++)
    {
        Console.Write("{0}   ",b[i,j]);
    }
    Console.WriteLine();
}
Console.ReadLine();
```

2. 程序分析

行列互换，即 b[i,j]=a[j,i]，变量 i、j 分别表示行和列，然后需要遍历数组中每一

个元素。二维数组元素遍历需要两层循环,外层控制行,内层控制列。

3. 运行结果

程序运行结果如图 4-5 所示。

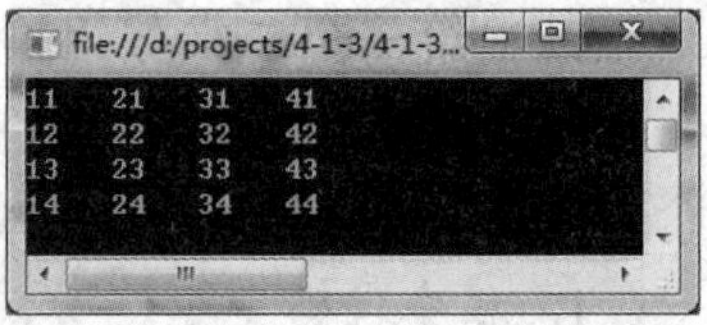

图 4-5　程序运行结果

四、将一个数组行列互换

1. 程序代码

```
int[,] a = { { 11, 12, 13, 14 }, { 21, 22, 23, 24 }, { 31, 32, 33, 34 }, { 41, 42, 43, 44 } };
int t;
for (int i = 0; i < 4; i++)
{
    for (int j = 0; j < i; j++)
    {
        t = a[i, j];
        a[i,j] = a[j,i];
        a[j, i] = t;
    }
}
for (int i = 0; i < 4; i++)
{
    for (int j = 0; j < 4; j++)
    {
        Console.Write("{0}   ",a[i,j]);
    }
    Console.WriteLine();
}
Console.ReadLine();
```

2. 程序分析

第一个两层循环实现行列互换;第二个两层循环实现输出。

图 4-6　程序运行结果

3. 运行结果

程序运行结果如图 4-6 所示。

4. 易错分析

本题的行列互换与上一题不同。本题的第一个循环若与上题相同,则结果是行列并未互换,仍是原数组,因为行列互换两次,等于未互换。例如,i=1,j=3 时,a[1,3]与 a[3,1]交换一次;i=3,j=1 时,a[3,1]与 a[1,3]又交换一次。

(1) 程序代码:

```
int[,] a = { { 11, 12, 13, 14 }, { 21, 22, 23, 24 }, { 31, 32, 33, 34 }, { 41, 42, 43, 44 } };
int t;
for (int i = 0; i < 4; i++)
{
    for (int j = 0; j < 4; j++)
    {
```

```
            t = a[i, j];
            a[i,j] = a[j,i];
            a[j, i] = t;
        }
    }
    for (int i = 0; i < 4; i++)
    {
        for (int j = 0; j < 4; j++)
        {
            Console.Write("{0}    ",a[i,j]);
        }
        Console.WriteLine();
    }
    Console.ReadLine();
```

（2）运行结果

程序运行结果如图4-7所示。

图4-7　程序运行结果

任务二　求数组中的最大的元素

任务描述

从一维数组和二维数组中分别求出数组中的最大元素并输出。

任务分析

从数组中找最大元素，需要遍历数组，比较每一个元素，才能确定哪一个最大。

基础知识

一、foreach

foreach 语句对实现 System.Collections.IEnumerable 或 System.Collections.Generic.IEnumerable<T>接口的数组或对象集合中的每个元素遍历。foreach 语句用于循环访问集合，以获取需要的信息。

当为集合中的所有元素完成迭代后，控制传递给 foreach 块之后的下一条语句。

> 注意：
> 不能用于在源集合中添加或移除项，否则可能产生不可预知的错误。如果需要在源集合中添加或移除项，请使用 for 循环。可以在 foreach 中使用 break 关键字跳出循环，或使用 continue 关键字进入循环的下一轮迭代。

二、foreach 遍历数组

该语句提供一种简单、明了的方法来循环访问数组或任何可枚举集合的元素。

foreach 语句按数组或集合类型的枚举器返回的顺序处理元素,该顺序通常是从第 0 个元素到最后一个元素。例如:

```
int[] numbers = { 4, 5, 6, 1, 2, 3, -2, -1, 0 };
foreach (int i in numbers)
{
    System.Console.Write("{0} ", i);
}
// 输出: 4 5 6 1 2 3 -2 -1 0
```

在多维数组中,可以使用相同的方法来循环访问元素。例如:

```
int[,] numbers2D = new int[3, 2] { { 9, 99 }, { 3, 33 }, { 5, 55 } };
foreach (int i in numbers2D)
{
    System.Console.Write("{0} ", i);
}
// 输出: 9 99 3 33 5 55
```

但对于多维数组,使用嵌套的 for 循环可以更好地控制数组元素。

任务实施

1. 程序代码

```
int[] a = { 5, 3, 8, 2, 1, 4, 7, 6 };
int[,] b = { { 1, 2, 4, 7 }, { 7, 5, 3, 6 }, { 9, 6, 2, 8 }, { 5, 8, 3, 5 } };
int max1 = 0, max2 = 0;
foreach (int item in a)
{
    if (item > max1)
    {
        max1 = item;
    }
}
foreach (int item in b)
{
    if (item > max2)
    {
        max2 = item;
    }
}
Console.WriteLine("数组a的最大值: {0}", max1);
Console.WriteLine("数组b的最大值: {0}", max2);
Console.ReadLine();
```

2. 程序分析

设定一个 max 变量,让其与数组中的每一个元素比较大小。若 a[i][j]>max,分别记录当时的行号与列号,并把 a[i][j]之间的值赋值给 max,依次进行比较,直到结束。

3. 运行结果

程序运行结果如图 4-8 所示。

图 4-8 程序运行结果

4. 其他方法

二维数组采用两层循环遍历。

```
for (int i = 0; i < 4; i++)
{
    for (int j = 0; j < 4; j++)
    {
        if (b[i, j] > max2)
        {
            max2 = b[i, j];
        }
    }
}
```

任务拓展

一、有一个 3×7 矩阵，统计数字 8 出现的次数。

1. 程序代码

```
int[,] a = { { 1, 3, 6, 4, 8, 2, 1 }, { 2, 5, 4, 5, 8, 4, 0 }, { 8, 3, 5, 7, 8, 1, 8 } };
int count = 0;
foreach (int item in a)
{
    if (item == 8)
    {
        count++;
    }
}
Console.WriteLine("8出现的次数: {0}", count);
Console.ReadLine();
```

2. 程序分析

使用 foreach 循环访问数组遍历每一个数组元素。

3. 运行结果

程序运行结果如图 4-9 所示。

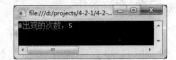

图 4-9　程序运行结果

二、有一个 3×4 的矩阵，编写程序输出其中值最大的元素及其所在的行号和列号。

1. 程序代码

```
int[,] a = { { 1, 2, 4, 7 }, { 7, 5, 3, 6 }, { 9, 6, 2, 8 }, { 5, 8, 3, 5 } };
int h = 0, l = 0, max = -1000;
for (int i = 0; i < 4; i++)
{
    for (int j = 0; j < 4; j++)
    {
        if (a[i, j] > max)
        {
```

```
                max = a[i, j];
                h = i + 1;
                l = j + 1;
            }
        }
    }
Console.WriteLine("最大元素为: {0}, 行号和列号分别为: {1},{2}", max, h, l);
Console.ReadLine();
```

2. 程序分析

使用两层 for 循环访问数组的每一个元素，但无法使用 foreach 来实现，因为 foreach 无法获取行与列号。

3. 运行结果

程序运行结果如图 4–10 所示。

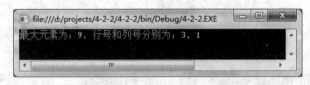

图 4–10　程序运行结果

任务三　数组元素排序

任务描述

输入 10 个整数，把输入整数保存到数组，对 10 个整数进行排序，按照从小到大和从大到小两种顺序输出。

任务分析

本任务的关键在于排序。前面学过两个数的排序，由此可以推导出 10 个数的排序，但这种方法程序太长，效率低。C#中数组对象提供了排序方法，简单有效，易于使用。通过本任务可以体会到 C#的强大，以及面向对象的优势。

基础知识

一、Array 类

数组类型都是从 System.Array 类型派生而来的。存在从任何数组类型到 System.Array 的隐式引用转换，并且存在从 System.Array 到任何数组类型的显式引用转换。

每个数组类型都继承由 System.Array 类型所声明的成员，其中最重要的是 Length 和 Rank 属性。Length 说明了数组的元素个数；Rand 说明了数组的秩。可以通过这个属性来得知任何一个已经创建的数组对象的元素个数和秩。

二、Array 属性

Array 类的属性如表 4–1 所示。

表 4-1 Array 类的属性

属　　性	说　　明
IsFixedSize	获取一个值，该值指示 Array 是否具有固定大小
IsReadOnly	获取一个值，该值指示 Array 是否只读
Length	获得一个 32 位整数，该证书表示 Array 的所有维数中元素的总数
Rank	获取 Array 的秩（维数）

三、Array 类的方法

Array 类的方法如表 4-2 所示。

表 4-2 Array 类的方法

方　　法	说　　明
Clear()	将 Array 中的一系列元素设置为零、false 或空引用（在 Visual Basic 中为 Nothing），具体取决于元素类型
Clone()	创建 Array 的浅表副本
Copy()	已重载。将一个 Array 的一部分元素赋值到另一个 Array 中，并根据需要执行的类型强制转换和装箱
Exists()	确定指定数组包含的元素是否与指定谓词定义的条件匹配
Find()	搜索与指定谓词定义的条件匹配的元素怒，然后返回整个 Array 中的第一个匹配项
FindAll()	检索与指定谓词定义的条件匹配的所有元素
ForEach()	对指定数组的每个元素执行指定操作
GetLength()	获取一个 32 位整数，该证书表示 Array 的指定维中的元素数
GetLowerBound()	获取 Array 中指定维度的下限
GetUpperBound()	获取 Array 中指定维度的上限
GetValue()	已重载。获取当前 Array 中指定元素的值
IndexOf()	已重载。返回一维 Array 或部分 Array 中某个值第一个匹配项的索引
LastIndexOf()	已重载。返回一维 Array 或部分 Array 中某个值的最后一个匹配项的索引
Resize()	将数组的大小更改为指定的新大小
Reverse()	已重载。反转一维 Array 或部分 Array 中元素的顺序
SetValue()	已重载。将当前 Array 中的指定元素设置为指定值
Sort()	已重载。对一维 Array 对象中的元素进行排序

1. 排序

Array 类提供的 Sort()方法是一个静态方法，用于对一维 Array 对象中的元素进行排序。该方法默认对数组按升序排列。

2. Reverse()方法用于反转一维 Array 或部分 Array 中元素的顺序。

（1）Array.Reverse(Array)：反转整个一维 Array 中元素的顺序。

（2）Array.Reverse(Array,Int32,Int32)：反转一维 Array 中某部分元素的顺序。

3. 搜索

Array 类提供的可用于搜索功能的方法包括 BinarySearch()、Find()、FindAll()、

FindIndex()、FindLast()、FindLastIndex()、IndexOF()、LastIndexOf()。

4. 复制

Array 类提供的可用于复制功能的方法包括 Copy 和 CopyTo。Copy 方法用于将源数组一部分元素复制到目标数组中，并根据需要执行类型强制转换和装箱。

（1）Array.Copy(Array,Array,Int)：从第一个元素开始复制到 Array 中的一系列元素，将它们粘贴到另一个 Array 中，其中第 3 个参数表示要复制的长度。

（2）Array.Copy(Array,Int,Array,Int,Int)：从指定的源索引开始，复制 Array 中一系列元素，将它们粘贴到另一个 Array 中，其中第 2 个参数表示源数组要复制元素的开始索引，第 4 个参数表示目标数组的复制位置的开始索引，第 5 个参数表示要复制的长度。

CopyTo()方法用于将当前一维数组的所有元素复制到指定的一维数组中。

任务实施

1. 程序代码

```
int[] a = new int[10];
for (int i = 0; i < 10; i++)
{
    Console.WriteLine("请输入一个整数:");
    string aStr = Console.ReadLine();
    a[i] = int.Parse(aStr);
}
Array.Sort(a);
Console.Write("升序: ");
foreach (int item in a)
{
    Console.Write("{0},",item);
}
Console.WriteLine();
Array.Reverse(a);
Console.Write("降序: ");
foreach (int item in a)
{
    Console.Write("{0},", item);
}
Console.ReadLine();
```

2. 程序分析

核心代码：Array.Sort(a);，对数组可以以升序方式排序； Array.Reverse(a);，反转数组 a 的排序，即逆序。

3. 运行结果

程序运行结果如图 4-11 所示。

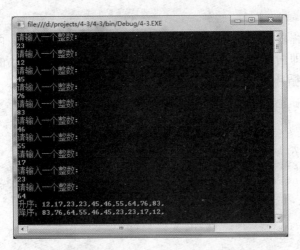

图 4-11　程序运行结果

4．其他方法

（1）选择法：采用两轮循环，外循环是有序后的元素遍历，内循环用于寻找最值。假设最小元素在数组的第 0 个位置上，从数组的第一个元素开始遍历数组，找出最小的元素和数组的第 0 个位置上的元素比较，如果该元素小于第 0 个元素，则交换该元素，交换后该元素就是有序的。说通俗一点就是：每次选择剩余数据中的最值调整到有序部分的后面。代码如下：

```
int[] a = new int[10];
for (int i = 0; i < 10; i++)
{
    Console.WriteLine("请输入一个整数:");
    string aStr = Console.ReadLine();
    a[i] = int.Parse(aStr);
}
int t;
for (int j = 0; j < 9; j++)
{
    for (int i = j + 1; i < 9; i++)
    {
        if (a[j] > a[i])
        {
            t = a[i];
            a[i] = a[j];
            a[j] = t;
        }
    }
}
Console.Write("升序: ");
foreach (int item in a)
{
    Console.Write("{0},",item);
}
```

```
Console.ReadLine();
```

（2）冒泡法：程序采用两轮循环，外循环用来控制循环趟数，内循环实现相邻元素满足有序要求，即内循环用于将相邻的两个元素进行比较，将小的元素调到大元素的前面。内循环的循环次数表示相邻元素的交换次数。代码如下：

```
int[] a = new int[10];
for (int i = 0; i < 10; i++)
{
    Console.WriteLine("请输入一个整数:");
    string aStr = Console.ReadLine();
    a[i] = int.Parse(aStr);
}
int t;
for (int j = 0; j < 9; j++)
{
    for (int i = 0; i < 9-j; i++)
    {
        if (a[i] > a[i+1])
        {
            t = a[i];
            a[i] = a[i+1];
            a[i+1] = t;
        }
    }
}
Console.Write("升序: ");
foreach (int item in a)
{
    Console.Write("{0},",item);
}
Console.ReadLine();
```

任务拓展

搜索元素

在数组中搜索某个元素，若存在则输出索引位置，不存在则输出搜索元素不存在。

1. 程序代码

```
static void Main(string[] args)
{
    int[] a = { 16, 55, 54, 67 , 75, 56, 32, 69 , 97, 68, 25, 86 , 51, 81, 32, 51 };
    int i = Array.Find(a,FindCondition);
    int j = Array.IndexOf(a, i);
    Console.WriteLine("第一个及格的成绩是第{0}位,成绩为{1}",j+1, i);
    int[] findAll = Array.FindAll(a, FindCondition);
    Console.WriteLine("及格人数: {0}",findAll.Length);
    Console.Write("及格成绩分别为: ");
    foreach(int item in findAll){
        Console.Write("{0}  ", item);
    }
```

```
        Console.ReadLine();
    }
    private static bool FindCondition(int num)
    {
        if (num >= 60)
        {
            return true;
        }
        else
        {
            return false;
        }
    }
```

2．程序分析

使用 Array.Find()方法搜索第一个及格分数。Array.Find()方法搜索所有及格成绩，Find.Condition 是匹配条件。

3．运行结果

程序运行结果如图 4-12 所示。

图 4-12　程序运行结果

小　　结

本单元内容主要包括数组概念、数组的定义、初始化、赋值和使用，以及数组的常见操作，如数组的遍历、排序、复制和查询等。

习　　题

一、单选题

1．int 类型变量在内存中占用 4 个字节，有定义：int x[10]={0,2,4}；那么数组 x 在内存中所占字节数是（　　）。

　　A．3　　　　　　B．10　　　　　　C．12　　　　　　D．40

2．当调用函数时，实参是一个数组名，则向函数传送的是（　　）。

　　A．数组的长度　　　　　　　　　　B．数组的首地址

　　C．数组每一个元素的地址　　　　　D．数组每个元素中的值

3．已知一个数组 Array[13]，则 Array[3]表示第（　　）个元素。

　　A．3　　　　　　B．4　　　　　　 C．5　　　　　　 D．无法知道

4．在 Array 类中，可以对一维数组中的元素进行排序的方法是（　　）。

　　A．Sort()　　　　B．Clear()　　　　C．Copy()　　　　D．Reverse()

5．假定一个 10 行 20 列的二维整型数组，下列（　　）定义语句是正确的。

　　A．int[]arr=new int[10,20]　　　　B．int[]arr=int new[10,20]

  C. int[,]arr=new int[20;10]   D. int[,]arr=new int[10,20]

  6. 假定 int 类型变量占用 2 个字节,若有定义:int[]x=new int[10]{0,2,4,4,5,6,7,8,9,10};,则数组 x 在内存中所占字节数是(　　　)。

  A. 6   B. 20   C. 40   D. 80

二、填空题

  1. 以下程序的输出结果是_____。

```
class temp
{
    public static void Main()
    {
        int i;
        int[]a=new int[10]
        for(i=9;i>=0;i--)a[i]=2*i+1;
        Console.WriteLine("{0}{1}{2}",a[0],a[5],a[9]);
    }
}
```

  2. 下列方法 inverse()的功能是使一个字符串按逆序存放,请填空。

```
void inverse(char str[])
{
    char m;
    int i,j;
    for (i=0,j=strlen(str);i<___;i++;_____)
    {
        m=str[i];
        str[i]= _____;
        _____;
    }
}
```

三、综合题

  1. 编写一个程序,处理某班三门课程的成绩,分别是语文、数学和英语。先输入学生人数(最多为 50 个人),然后按编号从小到大的顺序依次输入学生成绩,最后统计每门课程全班的总成绩和平均成绩,以及每个学生课程的总成绩和平均成绩。

  2. 编写一个程序,从键盘输入 10 个学生的成绩,统计最高分、最低分和平均分。

  3. 编写一个程序。用一张 100 元钞票换成面值分别为 20 元、10 元、5 元、1 元的 4 种钞票共 10 张,每种钞票至少 1 张;输出有哪几种可能的兑换方案? 每种面值的钞票各多少张?

  4. 编写一个程序,统计 4×5 二维数组中奇数的个数和偶数的个数。

四、上机编程

  1. 输出杨辉三角。

  2. 有一个已排好序的数组,要求输入一个数后,按原来顺序的规律将它插入数组中。

  3. 将 3 个字符串按由小到大的顺序输出。

  4. 有一个包含 10 个元素的数组,各元素的值分别为 31、94、55、83、67、72、29、12、88、56。要求:编程实现寻找数组中最小值和最大值。

单元五

类与对象

引言

C#的类模型是建立在.NET 虚拟对象系统上的,具有非常丰富的类是.NET 最重要的特点之一。在本项目中,将学习面向对象编程的基础知识,通过 3 个任务讲解了类的概念、如何定义类、对象的概念、如何创建和使用对象、访问修饰符、构造函数和析构函数等。

本单元中的内容是为没有系统学习过面向对象程序设计知识的读者准备的,对于熟悉面向对象程序设计的读者可以跳过任务一。

要点

- 掌握类的概念及如何定义类。
- 掌握对象的创建和使用。
- 掌握构造方法和析构方法。
- 掌握不同访问修饰符的作用范围。

任务一 输出学生信息

任务描述

定义一个学生类,学生包括学号、姓名、英语、数学和计算机三门课的成绩,创建张三学生,并输出其信息。

任务分析

对于程序开发而言,不可能把现实世界中的大量对象都输入计算机中,人类习惯于通过归类方法抽取对象的共同特征,例如,不同的学生具有共同特征,都具有学号、姓名,以及英语、数学和计算机三门课的成绩,此时,可以定义学生类对所有的学生进行统一描述。针对张三学生,他具有自己的学号、姓名,以及英语、数学和计算机三门课的成绩,这就是类与对象之间的关系。

基础知识

一、对象和类概述

在用面向对象编程（object oriented programming，OOP）技术开发的系统中，对象是要研究的任何事物。从一本书到一家图书馆都可看作对象，它不仅能表示有形的实体，也能表示无形的（抽象的）规则、计划或事件。在程序设计阶段，应该清楚所要解决的问题中有多少对象，每一个对象具有哪些属性，以及各个对象之间的联系等，然后把具有相同属性和行为的对象划分为一个"类"，并明确每个类的基本属性和行为方法。

类是数据成员以及处理这些数据成员相应函数的集合，类的实例被称为对象。类是面向对象程序设计中最重要的概念，它是对象的模板。即类是对一组有相同数据和相同操作的对象的定义，一个类所包含的方法和数据描述一组对象的共同属性和行为。类是在对象之上的抽象，对象则是类的具体化，是类的实例。

二、类的定义

在 C#中使用关键字 class 定义类，类的定义格式如下：

```
[访问修饰符]class<类名>
{
    类的主体部分
}
```

访问修饰符用于控制类中的成员变量和成员方法的访问权限，可以保证其中的数据不被随意访问和修改，C#提供的修饰符如表 5-1 所示。

表 5-1 修饰符

修饰符	说明
private	成员变量和方法只能在这个类中访问
protected	成员变量和方法除了可被本身访问外，还可被该类的派生类访问
public	成员变量和方法可被任何外部类访问
internal	成员变量和方法在整个项目中都可以被访问

当上述修饰符用来声明类时，含义如表 5-2 所示。

表 5-2 类修饰符

修饰符	说明
private/ protected	私有或保护访问权限制的类不能在类外被访问
public	类可以在任何地方访问
internal	类只能在当前项目中访问

类的成员变量的定义格式如下：

[访问修饰符]　　数据类型　　<成员变量名>

以下代码表示在 Student 类的定义中声明成员变量：

```
public class Student
{
    public string name;
    public int age;
    public int number;
}
```

类的成员方法的定义格式如下：

```
[访问修饰符]    返回值类型   <方法名>    ([参数列表])
{
    成员方法主体
}
```

在 Student 类的定义中声明成员方法。

```
public class Student
{
    public string name;
    public int age;
    public int number;
    public void PrintInformation()
    {
        Console.WriteLine("姓名:{0},年龄: {1},学号:{2}",name,age,number);
    }
}
```

三、对象的创建

为了从类中产生对象，必须建立类对象的实例，C#中可以使用 new 操作符创建一个类的新实例。示例如下：

```
Student oneStudent=new Student( );
oneStudent.PrintInformation( );
```

四、命名空间

.NET 类的集合被统称为.NET 类库或.NET 基类库，类库中功能相似的类构成了一个命名空间。

命名空间可以被视为用来存放类的容器，命名空间和类的关系很像文件夹和文件的关系，通过使用命名空间的方法可以将类组织与管理起来。

对于复杂的 C#程序可以包括多个命名空间，在每个命名空间中可以包含多个类，程序设计者也可采用导入系统提供的命名空间的方式，使用.NET 类库提供的丰富的功能。程序会使用 using 默认导入一些命名空间，这些命名空间提供了常用的类，若程序设计者需要其他特别功能，则需要导入专门的命名空间。

命名空间定义以命令关键字 namespace 开头，其格式如下：

```
namespace 命名空间的名称
{
    //命名空间的成员，也可以是另一个命名空间
}
```

任务实施

Step1：打开 VS 2013 软件，新建控制台应用程序，自动生成如下代码。

```csharp
using System;
using System.Collections.Generic;
using System.Linq;
using System.Text;
namespace ConsoleApplication7
{
    class Program
    {
        static void Main(string[] args)
        {
        }
    }
}
```

Step2：添加 Student 类的定义。

```csharp
public class Student
{
    public string name;
    public int age;
    public int number;
    public void PrintInformation()
    {
        Console.WriteLine("姓名:{0},年龄: {1},学号:{2}", name,age,number);
    }
}
```

Step3：添加 Main()方法。

```csharp
static void Main(string[] args)
{
    Student s=new Student();
    s.name="zhangsan";
    s.age=12;
    s.number=20120209;
    s.PrintInformation();
    Console.ReadKey();
}
```

Step4：程序运行结果如图 5-1 所示。

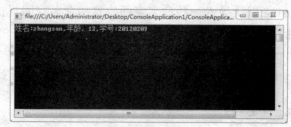

图 5-1　程序运行结果

任务拓展

编写程序定义一个小猫类，单击"黄色小猫"按钮，对话框提示生成一只黄色小猫；单击"黑色小猫"按钮，对话框提示生成一只黑色小猫。

图 5-2 控件设置

Step1：设置窗体中控件及属性，效果如图 5-2 所示。
Step2：定义小猫类，代码如下。

```
class Cat
{
    public String color;        //颜色
    public int age;             //年龄
    public void sound()
    {
        Console.WriteLine("喵喵…");
    }
}
```

Step3：编写"黄色小猫"按钮的单击事件，代码如下。

```
private void button1_Click(object sender, EventArgs e)
{
    Cat catYellow = new Cat();
    catYellow.color = "黄色";
    catYellow.age = 0;
    MessageBox.Show("生成一只黄色小猫");
}
```

Step4：编写"黑色小猫"按钮的单击事件，代码如下。

```
private void button2_Click(object sender, EventArgs e)
{
    Cat catBlack = new Cat();
    catBlack.color = "黑色";
    catBlack.age = 0;
    MessageBox.Show("生成一只黑色小猫");
}
```

Step5：程序运行结果如图 5-3（a）和图 5-3（b）所示。

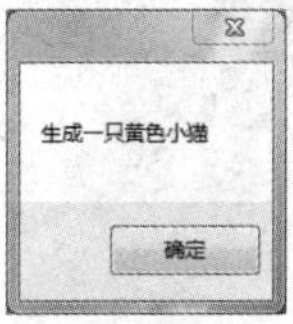

（a）运行结果（一） 　　　　　　　　　　（b）运行结果（二）

图 5-3 程序运行结果

任务二　查询学生信息

任务描述

定义一个学生类，学生包括学号、姓名、英语、数学和计算机三门课的成绩，创建两个输出信息方法,根据学生实际信息的不同,输出相关信息,实现方法重载。

任务分析

在学生信息的实际管理中,同属于学生类中的不同学生信息可以不太一样,有的信息填写比较完善,有的比较少,在查询过程中,就需要根据实际情况,显示学生的信息。这就用到了不同的构造方法和输出方法的重载。

基础知识

一、实例方法和静态方法

实例方法是对象的方法,使用的是实例对象调用,实例化对象时要进行初始化。静态方法属于类本身的方法,用的是类名调用,调用前需要进行初始化。

实例方法的定义形式:

```
[访问修饰符]    返回值类型    <方法名>    ([参数列表])
{
    方法体
}
```

静态方法的定义形式:

```
[访问修饰符]    static 返回值类型    <方法名>    ([参数列表])
{
    方法体
}
```

静态方法中有一个常用方法,即 Main()方法。它是程序的入口,程序通过调用 Main()方法开始执行。

【例 5-1】Main()方法的使用。

```
public class Student
{
    public string name;
    public int age;
    Public int number;
    public void PrintInformation()
    {
        Console.WriteLine("姓名:{0},年龄{1},学号:{2}", name,age,number);
    }
}
Class TestStudent
{
    Static void Main(string[] args)
    {
        Student s=new Student();
        s.name="zhangsan";
        s.age=12;
        s.number=20120209;
        s.PrintInformation();
        Console.ReadKey();
```

        }
}
```

程序运行结果如图 5-4 所示。

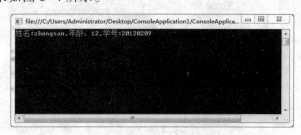

图 5-4  程序运行结果

## 二、构造方法

构造方法通常又称构造函数，是类的一个特殊的成员方法。定义构造函数的格式如下：

```
[访问修饰符]    类名（）
{
        构造函数主体部分
}
```

说明：（1）构造函数与类同名；（2）构造函数不返回任何值；（3）构造函数主体部分主要包括对成员变量的初始化语句。

构造函数用来完成类成员变量的自动初始化，C#中每次创建的实例都会调用类中的构造函数。构造函数可以分为三种：实例构造函数、静态构造函数和私有构造函数。

1. 实例构造函数

实例构造函数用于创建和初始化实例，创建新对象时调用类的构造函数。

如果一个类中不包含任何构造函数的声明，系统就会自动提供一个默认的构造函数，这个默认的构造函数没有任何参数，并且将用默认值来初始化对象字段。在类中也可以创建带有参数的构造函数。

【例 5-2】以下代码在定义的 Student 类中声明了默认构造函数，也编写了一个带参数的构造函数。

```
class Student
{
    public string name;
    public int age;
    public int number;
    public Student()
    {
        name="未命名";
        age=0;
        number=0;
    }
    public Student(string _name,int _age,int _number)
    {
        name=_name;
```
```

```
            age=_age;
            number =_number;
        }
        public void PrintInformation()
        {
            Console.WriteLine("姓名:{0},年龄;{1},学号:{2}", name,age,number);
        }
    }
    class TestStudent
    {
        static void Main(string[] args)
        {
            Student s1 = new Student();
            Student s2 = new Student("wangwu",21,20120305);
            s1.PrintInformation();
            s2.PrintInformation();
            Console.ReadKey();
        }
    }
```

程序运行结果如图5-5所示。

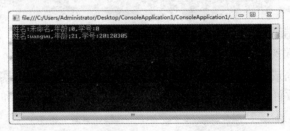

图5-5 程序运行结果

2. 静态构造函数

静态构造函数用来初始化静态变量，使用关键字static，在整个程序的执行过程中，静态函数只会被执行一次。在创建第一个实例或引用任何静态成员之前，将自动调用静态构造函数。静态构造函数既没有访问修饰符，也没有参数。

【例5-3】以下代码在定义的Student类中编写了静态构造函数，也编写了一个实例构造函数。

```
class Student
{
    public string name;
    public int age;
    public int number;
    static Student()
    {
        Console.WriteLine("I am a student.");
    }
    public Student()
    {
        Console.WriteLine("I am a student,too.");
```

```
    }
}
class TestStudent
{
    static void Main(string[] args)
    {
        Student s1 = new Student();
        Console.ReadKey();
    }
}
```

程序运行结果如图 5-6 所示。

3. 私有构造函数

私有构造函数是一种特殊的实例构造函数。它通常用在只包含静态成员的类中,使用关键字 private 可以将构造函数声明为静态构造函数。如果类具有一个或多个私有构造函数而没有公共构造函数,则其他类(除嵌套类外)无法创建该类的实例。

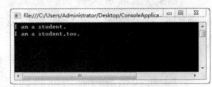

图 5-6　程序运行结果

【例 5-4】以下代码在定义的 student1 类中编写了私有构造函数,在定义的 student2 类中也编写了私有构造函数。

```
class student1
{
    public string name;
    public int age;
    public int number;
    public  student1()
    {
        Console.WriteLine("I am a student.");
    }
}
class student2
{
    public string name;
    public int age;
    public int number;
    public student2()
    {
        Console.WriteLine("I am a student,too.");
    }
    static void Main(string[] args)
    {
        student2 s2 = new student2();
        Console.ReadKey();
    }
}
```

程序运行结果如图 5-7 所示。

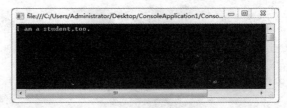

图 5-7　程序运行结果

三、析构方法

析构方法通常又称析构函数，是类成员方法中的一个特殊方法，它由带有"~"前缀的类名来声明，其作用与构造函数相反，用于进行清除操作以释放资源。析构函数具有以下特点：

（1）一个类只能有一个析构函数。
（2）析构函数没有访问修饰符，不带任何参数。
（3）析构函数不能被显示调用，它由系统自动调用。

定义析构函数的格式如下：

```
~类名()
{
    析构函数的主体部分
}
```

以下代码在 Student 类中声明了析构函数。

```
public class Student
{
    ~Student()
    {
        //Destructor body
    }
}
```

四、方法重载

方法重载是指在同一个类中，存在方法名相同但参数类型或参数个数不全相同的多个方法。即实现方法重载有两种形式：参数个数不同的方法重载和参数类型不同的方法重载。

【例 5-5】构造函数参数个数不同的方法重载问题。

```
using System;
using System.Collections.Generic;
using System.Linq;
using System.Text;
namespace ConsoleApplication1
{
    class Student
    {
        public string name;
        public int age;
        public int number;
        public Student()
```

```
        {
            name="未命名";
            age=0;
            number=0;
        }
        public Student(string _name)
        {
            name=_name;
        }
        public Student(string _name,int _age)
        {
            name=_name;
            age=_age;
        }
        public Student(string _name,int _age,int _number)
        {
            name=_name;
            age=_age;
            number = _number;
        }
        public void PrintInformation()
        {
            Console.WriteLine("姓名:{0},年龄{1},学号:{2}", name,age,number);
        }
    }
    class TestStudent
    {
        static void Main(string[] args)
        {
            Student s1 = new Student();
            Student s2 = new Student("zhangsan");
            Student s3 = new Student("lisi",20);
            Student s4 = new Student("wangwu",21,20120305);
            s1.PrintInformation();
            s2.PrintInformation();
            s3.PrintInformation();
            s4.PrintInformation();
            Console.ReadKey();
        }
    }
}
```

程序运行结果如图 5-8 所示。

图 5-8　程序运行结果

任务实施

Step1：在 VS 2013 上创建控制台应用程序，自动生成代码如下。

```
using System;
using System.Collections.Generic;
using System.Linq;
using System.Text;
namespace ConsoleApplication方法重载
{
    class Program
    {
        static void Main(string[] args)
        {
        }
    }
}
```

Step2：添加 Student 类的定义。

```
class Student
{
    public int number;
    public string name;
    public int english;
    public int math;
    public int computer;
    public Student(string _name,int _number)
    {
        name=_name;
        number =_number;
    }
    public Student(string _name,int _number,int _english,int _math,int _computer)
    {
        name=_name;
        number =_number;
        english=_english ;
        math=_math;
        computer=_computer ;
    }
    public void PrintInformation(string name,int number)
    {
        Console.WriteLine("姓名:{0},学号:{1}", name,number);
    }
    public void PrintInformation(string name, int number,int english,int math,int computer)
    {
        Console.WriteLine("姓名:{0},学号:{1},英语{2},数学{3},计算机{4}", name, number, english, math, computer );
    }
}
```

Step3:添加 Main()方法

```
static void Main(string[] args)
{
    Student s1 = new Student("lisi", 20);
    Student s2= new Student("wangwu", 21, 85,89,95);
    s1.PrintInformation("lisi", 20);
    s2.PrintInformation("wangwu", 21, 85, 89, 95);
    Console.ReadKey();
}
```

Step 4:程序运行结果如图 5-9 所示。

图 5-9　程序运行结果

任务拓展

定义一个学生类,具体实现功能:Student 类中包含姓名和成绩两个属性;Student 类中定义两个构造方法,其中一个是无参数的构造方法,另一个是接受两个参数的构造方法,分别用于为姓名和成绩属性赋值;在 Main()方法中分别调用不同的构造方法创建两个 Student 对象,并为属性赋值。

Step1:定义 Student 类,包含姓名和成绩两个属性和两个构造方法,代码如下。

```
public class Student
{
    //私有字段
    private string name;          //姓名
    private int score;            //成绩
    //公有属性
    public string Name
    {
        get { return name; }
        set { name = value; }
    }
    public int Score
    {
        get { return score; }
        set { score = value; }
    }
    public Student( )
    { }
    public Student(string _name, int _score)
```

```
        {
            this.Name = _name;
            this.Score = _score;
        }
    }
```

Step2：在 Main()方法中分别调用不同的构造方法创建两个 Student 对象，并为属性赋值，代码如下。

```
static void Main(string[] args)
{
    //实例化学生 A
    Student stuA = new Student();
    stuA.Name = "A";
    stuA.Score = 80;
    Console.WriteLine("我是学生{0},我的成绩是{1}",stuA.Name,stuA.Score);
    //实例化学生 B
    Student stuB = new Student("B", 100);
    Console.WriteLine("我是学生{0},我的成绩是{1}", stuB.Name, stuB.Score);
    Console.ReadKey();
}
```

Step3：程序运行结果如图 5-10 所示。

图 5-10　程序运行结果

任务三　输入学生信息

任务描述

定义一个学生类，学生包括学号、姓名，以及英语、数学和计算机三门课的成绩，创建张三学生，对其各个信息赋值并输出显示，其中学号只能在 001～100 之间，英语、数学和计算机成绩只能在 0～100 之间，当不在这个范围之内输入数据时，则弹出消息框进行提示。

任务分析

在类中如果所有的成员访问修饰符都定义成 Public，则意味着所有人都可以直接对成员赋值，但是并不是所有的成员都了解该成员的应用背景，因此设计存在一定风险。如果把成员访问修饰符定义为 private，这样只能由该类的成员访问，有效地避免了成员值被错误访问的风险，这种方法即为封装，封装是面向对象程序设计的重要技术之一。

基础知识

一、封装

类的封装特性是面向对象的基本语法之一，即使用 private 或 protected 修饰类成员，从而限定其访问区域在本类内或派生类内，对类外则实现了信息隐藏，同时使用 public 修饰那些必须对外公开的类成员。封装具有两方面含义：一方面是指对象是由数据和对数据的操作所构成的一个不可分割的整体；另一方面是指对象只应保留有限的对外接口，并对外隐藏具体实现细节，使得外界只能通过对象所提供的接口与之发生联系。

C#中使用类来进行封装，但是，也不可以滥用类的封装特性，即不要把无关的数据和方法封装在类中。

二、属性

一般情况下，在类内使用 private 修饰的成员变量称为字段，同时通过声明固定的成员，用来实现对字段数据的存取（或读/写）的成员变量称为属性。

C#使用属性提供了一种控制类中字段访问的简捷方法。因此，属性又称为一种特殊的方法即"访问器"。属性在类中的声明方式是：先指定字段的访问级别，再指定属性的类型和名称，最后声明 get 访问器和 set 访问器的代码块。

属性包含一个 get 访问器和一个 set 访问器。其中，get 访问器用来取值，set 访问器用来赋值。一般情况下，get 访问器通过 return 来读取属性的值，set 访问器通过 value 来设置属性的值。若一个属性中只要 get 访问器，没有 set 访问器，则该属性为只读属性；若一个属性中只要 set 访问器，没有 get 访问器，则该属性为只写属性；同时具备 get 访问器和 set 访问器的属性是读写属性。get 访问器没有参数；set 访问器有一个隐含的参数 value，系统用在属性中的特定参数用于定义由 set 访问器分配的值。

一般声明形式如下：

```
访问修饰符 数据类型 属性名
{
    get
    {
        //get 访问器体
    }
    set
    {
        //set 访问器体
    }
}
```

【例 5-6】以下代码使用属性实现对字段的读和写。

```
class person
{
    private int age;
    public int Age
    {
        set
```

```
            {
                this.age = value;
            }
            get
            {
                return this.age;
            }
        }
    }
    class Program
    {
        static void Main(string[] args)
        {
            person a = new person();
            a.Age = 20;
            Console.WriteLine("我今年{0}岁了",a.Age);
            Console.ReadKey();
        }
    }
```

程序运行结果如图 5-11 所示。

上例中 age 是类的字段，Age 是类的属性，在该属性中，包括两个代码块，分别以 get 和 set 关键字开头。显然，使用属性实现对字段的读和写，代码更清晰易读。

【例 5-7】封装应用示例。当输入的年龄小于 10 时，提示年纪太小，大于 10 时，显示实际年龄。

图 5-11　程序运行结果

```
    class person
    {
        private int age;
        public int Age
        {
            set
            {
                if (value > 10)
                    this.age = value;
                else
                    Console.WriteLine("年纪太小");
            }
            get
            {
                return this.age;
            }
        }
    }
    class Program
    {
        static void Main(string[] args)
        {
```

```
            person a = new person();
            Console.WriteLine("请输入年龄?");
            a.Age = int.Parse (Console .ReadLine ());
            Console.WriteLine("我今年{0}岁了",a.Age);
            Console.ReadKey();
        }
}
```

当输入 2 时,程序运行结果如图 5-12 所示;当输入 20 时,显示我今年 20 岁了,如图 5-13 所示。

图 5-12 程序运行结果(一)

图 5-13 程序运行结果(二)

任务实施

Step1:创建 Windows 窗体应用程序,在窗体上放置 5 个 Label 标签,5 个 TextBox 控件,一个 Button 按钮控件,如图 5-14 所示。

Step2:窗体名称改为封装示例,5 个 Label 的 Text 属性依次改为学号、姓名、英语、数学和计算机,Button 的 Text 属性设置为确定,效果如图 5-15 所示。

图 5-14 控件设置

图 5-15 控件属性设置

Step3:定义类 Student。

```
public class Student
{
    private int number;
    public string name;
    private int english;
    private int math;
    private int computer;
    public int Number
    {
        set
        {
```

```csharp
            if (value >001&&value <100)
                this.number = value;
            else
                MessageBox .Show ("学号不对");
        }
        get
        {
            return this.number;
        }
    }
    public int English
    {
        set
        {
            if (value > 0&&value <100)
                this.english = value;
            else
                MessageBox.Show("英语成绩不对");
        }
        get
        {
            return this.english;
        }
    }
    public int Math
    {
        set
        {
            if (value > 0&&value <100)
                this.math= value;
            else
                MessageBox.Show("数学成绩不对");
        }
        get
        {
            return this.math;
        }
    }
    public int Computer
    {
        set
        {
            if (value > 0&&value <100)
                this.computer = value;
            else
                MessageBox.Show("计算机成绩不对");
        }
        get
        {
            return this.computer;
```

```
        }
    }
}
```

Step4：定义命令按钮单击事件。

```
private void button1_Click(object sender, EventArgs e)
{
    int anumber;
    string aname;
    int aenglish;
    int amath;
    int acomputer;
    Student astudent = new Student();
    astudent.Number = Convert.ToInt32(textBox1.Text);
    anumber = astudent.Number;
    astudent.name = textBox2.Text;
    aname =astudent .name ;
    astudent.English =Convert.ToInt32(textBox3.Text);
    aenglish = astudent.English;
    astudent.Math = Convert.ToInt32(textBox4.Text);
    amath = astudent.Math;
    astudent.Computer = Convert.ToInt32(textBox5.Text);
    acomputer = astudent.Computer;
}
```

Step5：程序运行结果，在文本框中输入如图 5-16 所示信息，单击"确定"按钮，弹出消息框，如图 5-17 所示。

图 5-16　输入样例一

图 5-17　弹出消息框

任务拓展

利用封装实现功能

利用封装实现下面功能：定义一个学生类，包括学号、姓名、性别和年龄 4 个属性，以及获得学号、姓名、性别、年龄和修改年龄 5 个方法，在修改年龄方法中可以实现校验，年龄不能小于 6。定义一个 Introduce 方法，调用该方法时，输出"我是一名学生，我的名字是小刘，我今年 15 岁了。"

Step1：定义学生类，包括学号、姓名、性别和年龄 4 个属性，以及获得学号、姓名、性别、年龄4个方法，具体代码如下：

```csharp
private string No;                //学号
private string Name;              //姓名
private string Gender;            //性别
private int Age=0;                //年龄
public string GetName()
{
    return this.Name;
}
public string GetNo()
{
    return this.No;
}
public string GetGender()
{
    return this.Gender;
}
public int GetAge()
{
    return this.Age;
}
```

Step2：定义修改年龄方法中可以实现校验，年龄不能小于6，代码如下。

```csharp
public void UpdateAge(int newAge)
{
    if (newAge<6)
    {
        Console.WriteLine("修改失败:年龄不能低于6");
        return;
    }
    this.Age = newAge;
    Console.WriteLine("年龄修改成功");
}
```

Step3：定义 Introduce()方法，具体代码如下。

```csharp
public void Introduce()
{
    Console.WriteLine("我是一名学生，我的名字是{0},我今年{1}岁了",this.Name,this.Age);
}
```

Step4：定义构造函数，代码如下。

```csharp
public Student(string _no, string _name, string _gender, int _age)
{
    this.No = _no;
    this.Name = _name;
    this.Gender = _gender;
    this.Age = _age;
}
```

Step5：定义 Main()方法，代码如下。

```
static void Main(string[] args)
{
    Student stu = new Student("S0001","小刘","男",15);
    stu.Introduce();
    stu.UpdateAge(1);
    stu.UpdateAge(21);
    stu.Introduce();
    Console.ReadKey();
}
```

Step6：程序运行结果如图 5-18 所示。

图 5-18　程序运行结果

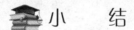小　　结

本单元通过 3 个任务讲解了类和对象的概念、如何创建使用类和对象及封装的概念和方法。该部分内容是面向对象程序设计中的基本概念和基本方法，是需要重点掌握的内容之一。

习　　题

一、选择题
1. 在类作用域中能够通过直接使用该类的（　　）成员名进行访问。
　　A．私有　　　　B．公用　　　　C．保护　　　　D．任何
2. 在类的成员中，用于存储属性值的是（　　）。
　　A．属性　　　　B．方法　　　　C．事件　　　　D．成员变量
3. 下列关于重载的说法，错误的是（　　）。
　　A．方法可以通过指定不同的参数个数重载
　　B．方法可以通过指定不同的参数类型重载
　　C．方法可以通过指定不同的参数传递方式重载
　　D．方法可以通过指定不同的返回值类型重载
4. 类的字段和方法的默认访问修饰符是（　　）。
　　A．public　　　B．private　　　C．protected　　　D．internal

5. 下列关于构造函数的描述中，（　　）选项是正确的。
   A．构造函数必须与类名相同
   B．构造函数不可以用 private 修饰
   C．构造函数不能带参数
   D．构造函数可以声明返回类型

二、填空题

1. 在面向对象的术语中，具有相似属性和行为的一组对象，称为_____。
2. 在类中可以重载_____，C#会根据参数匹配原则来选择执行合适的构造函数。
3. 静态构造函数用来初始化静态变量，使用关键字_____。
4. C#中使用多种访问修饰符来达到不同的封装效果，具体包括_____、_____、_____、_____和_____。
5. 在C#中，构造函数是类的一个特殊的成员函数，它与_____相同。

三、综合题

1. 如何判断方法的重载。
2. 实例构造函数和静态构造函数有什么区别。
3. 简述常用的封装方法。

四、上机编程

1. 编写一个学生类和教师类，通过它们创建一些常见的学生和教师，再编写控制台应用程序，测试已定义的类。
2. 实现与鹦鹉的聊天，具体程序功能如下：
（1）鹦鹉有自己的名字，可以向人问好。
（2）人和鹦鹉可以进行简单的对话，例如：询问姓名、表达喜欢你。

单元六 继承与多态

引言

继承与多态是面向对象程序设计中最重要的特征之一，可以大大提高程序的可重用性和可扩展性。本单元通过3个任务讲解了继承的概念和实现、多态的概念和实现及委托的定义和使用。通过本单元的学习，读者将熟悉继承如何支持代码重用及多态的重要机制。

要点

- 掌握继承的概念和继承的方法。
- 掌握多态的概念和通过继承实现多态的方法。
- 掌握委托的定义和使用。

任务一 定义具有特性的学生类

任务描述

定义两个类Person类和Student类，其中Student类从Person类中继承一些成员，同时也具有Student类的特有属性和方法，如学号和学习等。

任务分析

定义了Person父类后，定义派生类Student类，派生类继承了基类中的成员变量姓名和年龄及赋值和输出姓名和年龄的方法，同时根据实际情况可以添加自己的成员变量学校和对学校进行赋值和输出的方法，大大提高了程序代码的可重用性和扩展性。

基础知识

一、继承

继承是指类能够从它的父类中继承除构造函数以外的所有数据的定义和功能。在C#中，用冒号（:）表示继承。被继承的类称为基类或者父类，从基类继承的类称为扩充类，又称派生类或者子类。声明一个派生类的基本语法如下：

```
[访问修饰符] class<派生类名称> : <基类名称>
{
        派生类主体部分
}
```

在面向对象的继承过程中,存在着单继承与多继承之分。单继承是指从一个基类派生出一个派生类的过程,而多继承是指从一个以上的基类派生出一个派生类的过程。在C#中,继承遵循以下规则:

(1)继承可以传递。若A从B中派生,B从C中派生,则A同时继承了B和C中的成员。

(2)继承有扩展性。派生类可以增加新成员,但派生类不能删除已经继承的成员定义。

(3)派生类可以通过用相同名称或声明一个新成员来隐藏继承成员的方法。

(4)构造方法和析构方法不能被继承。

C#语言出于安全、可靠性等方面的考虑仅支持单继承,其多继承只能通过接口等间接实现。

【例6-1】定义类B继承自类A。

```
public class A                    //基类
{
    public A()
    {
        Console.WriteLine("a");
    }
}
public class B : A                //扩充类
{
    public B()
    {
        Console.WriteLine("b");
    }
}
```

二、访问基类的成员

派生类除了构造函数和析构函数,隐式地继承了直接基类的所有成员。因此,派生类内部可以访问基类的所有非私有成员(私有成员只有基类自身才可以访问),就像这些成员是派生类自身的一样。例如,定义了Person类:

```
public class Person       //基类
{
    private string name;
    private int age;
    public void SetNameAge()
    {
        Console.WriteLine("输入姓名: ");
        name=Console.ReadLine();
        Console.writeLine("输入年龄:");
        age=int.Parse(Console.ReadLine());
```

```
    }
    public void ShowNameAge()
    {
        Console.WriteLine("姓名: "+name);
        Console.writeLine("年龄:"+age);
    }
}
```

又定义了 Student 类,并且继承了 Person 类:

```
public class Student:Person    //派生类
{
    private string school;
    public void SetSchool;
    {
        Console.WriteLine("输入所在学校名称:");
        school= Console.ReadLine();
    }
    public void ShowSchool()
    {
        Console.writeLine("学生所在学校:"+school);
    }
}
```

在人类型中,定义了所有人所共有的一些数据成员,如姓名、年龄,而学生类型定义了自己独有的学校数据,在派生类学生中可以自由访问基类的姓名、年龄等成员。

三、方法的隐藏

派生类可以继承基类的方法,也可以隐藏基类中的方法,即派生类中定义和基类中名称完全相同的方法,只是功能不同。在 C#中,方法的隐藏有两种情况,分别是使用了 new 修饰符和使用 override 修饰符改写方法,本例中使用了 new 修饰符,后面的示例中使用了 override 修饰符。

【例 6-2】派生类中对基类方法进行隐藏。

```
using System;
using System.Collections.Generic;
using System.Linq;
using System.Text;
namespace ConsoleApplication2
{
    class Person
    {
        public string name;
        public int age;
        public void print()
        {
            Console.WriteLine("I am"+name +age.ToString()+"years old.");
        }
    }
    class Student : Person
    {
```

```
        public string school;
        public new void print()
        {
            Console.WriteLine("我忘记了我的年龄.");
        }
    }
    class Program
    {
        static void Main(string[] args)
        {
            Student s1 = new Student();
            s1.print();
            Console.ReadKey();
        }
    }
```

程序运行结果如图6-1所示。

需要强调的是在派生类中重新定义基类方法时,应与基类具有完全相同的方法名、返回值和参数列表。否则,就不是方法的隐藏,而是派生类自己定义的与基类无关的方法。

图6-1 程序运行结果

四、密封类和密封方法

在C#程序设计过程中并非所有的类都会被继承,所有的方法都会被重写,在某些情况下,程序设计者会特别强调某些类不能被继承,某些方法不能被重写,例如,有些类或方法包含重要或敏感的数据或处理,并不希望该类被继承。另一些时候,有的类已经没有再被继承的必要。在C#中使用密封的概念来实现上述要求,使类不能被继承,方法不能被重写。

在C#中密封使用 sealed 修饰符来实现,可以用来密封类的方法和属性,密封方法必须是派生类中被重写的基类的方法,即在定义密封方法时,sealed 和 override 关键字必须同时使用,被密封的方法不能在其派生类中被重写。

【例6-3】密封类示例。

```
abstract class A
{
    public abstract void F();
}
sealed class B : A
{
    public override void F()
    {
        //方法的具体实现
    }
}
```

```
//错误代码
class C : B
{
}
```

C#会提示 B 是一个密封类,不能试图从 B 中派生任何类。

任务实施

Step1:打开 VS 2013 软件,自动生成代码如下。

```
using System;
using System.Collections.Generic;
using System.Linq;
using System.Text;
namespace ConsoleApplication继承
{
    class Program
    {
        static void Main(string[] args)
        {
        }
    }
}
```

Step2:添加 Person 类的定义。

```
public class Person
{
    private string name;
    private int age;
    public void SetNameAge()
    {
        Console.WriteLine("输入姓名:");
        name=Console.ReadLine();
        Console.WriteLine ("输入年龄:");
        age=int.Parse(Console.ReadLine());
    }
    public void ShowNameAge()
    {
        Console.WriteLine("姓名:"+name);
        Console.WriteLine("年龄:"+age);
    }
}
```

Step3:添加 Student 类的定义。

```
public class Student:Person
{
    private string school;
    public void SetSchool()
    {
        Console.WriteLine("输入所在学校名称:");
        school= Console.ReadLine();
```

```
        }
        public void ShowSchool()
        {
            Console.WriteLine("学生所在学校:" + school);
        }
}
```

Step4：添加 Main()方法。

```
static void Main(string[ ] args)
{
    Student st1=new Student();
    st1.SetNameAge();
    st1.SetSchool();
    st1.ShowNameAge();
    st1.ShowSchool();
    Console.ReadKey();
}
```

Step5：程序运行结果如图 6-2 所示。

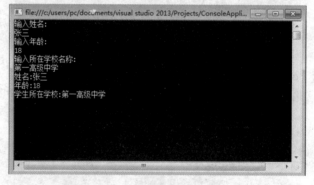

图 6-2　程序运行结果

任务拓展

利用继承实现相关功能

汽车 Vehicle 类具有颜色、重量和启动、行驶、停止这些特征；私家车 Car 除了具有汽车的上述特性外，还具有搭载乘客特点。

Step1：定义汽车 Vehicle 类具有颜色、重量属性和起动、行驶、停止方法，代码如下。

```
class Vehicle
{
    string color; //颜色
    float weight; //重量
    public void introduce()
    {
        Console.WriteLine("The vehicle "+ color + " "+weight .ToString());
    }
    public Vehicle() { }
```

```
    public Vehicle(string c, float w)
    {
        color = c;
        weight = w;
    }
    public void Power()
    {
        Console.WriteLine("汽车起动.");
    }
    public void Run()
    {
        Console.WriteLine("汽车行驶.");
    }
    public void Stop()
    {
        Console.WriteLine("汽车停止.");
    }
}
```

Step2：定义私家车 Car 类，除了具有汽车的上述特性外还具有搭载乘客方法，代码如下。

```
class Car : Vehicle
{
    int passengers; //私有成员:乘客数
    public Car(string c, float w, int p) : base(c, w)
    {
        passengers = p;
    }
    public void Take()
    {
        Console.WriteLine("当前乘坐{0}人", passengers);
    }
}
```

Step3：定义 Main()方法用来实例化汽车类和私家车类，并调用具体对象的方法，代码如下。

```
static void Main(string[] args)
{
    Vehicle s = new Vehicle("black",2000f);
    s.introduce();
    s.Power();
    s.Run();
    s.Stop();
    System.Console.WriteLine("--------------------------------");
    System.Console.WriteLine("以上是汽车 Vehicle 的功能");
    System.Console.WriteLine("--------------------------------");
    System.Console.WriteLine("现在是私家车的继承汽车并且另外具有的功能 ");
    System.Console.WriteLine("--------------------------------");
    Car car = new Car("red", 1000f, 3);
    car.introduce();
```

```
            car.Take();
            car.Power();
            car.Run();
            car.Stop();
            Console.ReadKey();
        }
```

Step4：程序运行结果如图 6-3 所示。

图 6-3　程序运行结果

任务二　实现学生和教师相同操作不同效果

任务描述

定义一个父类 person 类,定义两个派生类 student 和 teacher 类,student 类和 teacher 类重载了 person 类的 message()方法,分别创建属于 3 个类的对象,单击命令按钮,依次执行 3 个对象的 message 方法。

任务分析

在父类中定义方法,在派生类中复写该方法,因为对象不同,执行相同的方法结果则不同,通过这种方法可以使用相同的代码处理更加复杂的问题,使程序更简洁灵活。

基础知识

一、多态

C#中多态性的定义：同一操作作用于不同的类的实例,不同的类将进行不同的解释,最后产生不同的执行结果。C#支持两种类型的多态性。

1. 编译时的多态性

编译时的多态性是通过重载来实现的,方法重载和操作符重载实现了编译时的多态性。对于非虚拟的成员来说,系统在编译时,根据传递的参数、返回的类型等信息决定实现何种操作。编译时的多态性为人们提供了运行速度快的特点。

2. 运行时的多态性

运行时的多态性就是指直到系统运行时才根据实际情况决定实现何种操作。C#中,运行时的多态性通过虚拟成员实现。运行时的多态性则具有高度灵活和抽象的特点。

C#语言中，所有的方法默认都是非虚拟的。非虚拟方法的调用在编译时绑定，因此，调用非虚拟方法时，实际执行的总是用于调用的对象引用类型中定义的（或从其基类继承来的）方法。

虚拟方法是指在类的方法声明前面加上 virtual 修饰符，虚拟方法的调用是在程序运行时，根据对象的实际类型调用相应的方法。当通过某个对象调用一个虚拟方法时，程序运行时会根据该引用实际引用的对象类型，按继承链从对象引用类型到实际对象类型顺序搜索其重写方法，最终执行的是最后找到重写方法。当然，如果该虚拟方法没有被重写，就执行它自己。

多态可大大提高了程序的抽象程度和简洁性，可最大限度地降低类和程序模块之间的耦合性，提高类模块的封闭性，降低程序设计、开发和维护的难度，提高效率。面向对象的程序中多态情况有多种，例如，可以通过派生类对基类方法的改写实现多态，也可以通过重载实现多态。具体分类，可以有以下几种实现多态性的方式：

（1）通过继承实现多态性。多个类可以继承自同一个类，每个扩充类又可根据需要重写基类成员以提供不同的功能。

（2）通过抽象类实现多态性。

（3）通过接口实现多态性。本项目主要讲解第一种方式，在后面的项目中讲解通过抽象类实现多态性及通过接口实现多态性。

二、通过继承实现多态性

简单地说，当建立一个类型名为 A 的父类的对象时，它的内容可以是 A 这个父类的，也可以是它的子类 B 的，如果子类 B 和父类 A 都定义有同样的方法，当使用 B 对象调用这个方法时，定义这个对象的类，也就是父类 A 中的同名方法将被调用。如果在父类 A 中的这个方法前加 virtual 关键字，并且子类 B 中的同名方法前面有 override 关键字，那么子类 B 中的同名方法将被调用。

【例 6-4】通过继承实现多态性。

```
using System;
using System.Collections.Generic;
using System.Linq;
using System.Text;
namespace ConsoleApplication1
{
    class Person
    {
        public virtual void speak()
        {
            Console.WriteLine("speaking....");
        }
        public void sleep()
        {
            Console.WriteLine("sleeping....");
        }
    }
```

```csharp
        class Chinese : Person
        {
            public override void speak()
            {
                Console.WriteLine("speaking Chinese");
            }
        }
        class English : Person
        {
            public override void speak()
            {
                Console.WriteLine("speaking English"); ;
            }
        }
        class Program
        {
            static void Main(string[] args)
            {
                Person person = new Person();
                Person chinese = new Chinese();
                Person englishmen = new English();
                person.speak();
                person.sleep();
                chinese.speak();
                chinese.sleep();
                englishmen.speak();
                englishmen.sleep();
                Console.ReadKey();
            }
        }
    }
```

程序运行结果如图 6-4 所示。

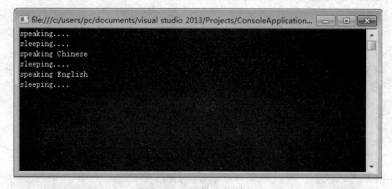

图 6-4　程序运行结果

任务实施

Step1：打开 VS 2013 软件，创建 Windows 窗体应用程序，在窗体上放置一个 Button 按钮控件，修改 Form 和 Button 按钮的 text 属性为"多态示例"，如图 6-5 所示。

图 6-5 设置控件

Step2：添加 Person 类的定义。

```
public class person
{
    public string name;
    public int age;
    public virtual void message()
    {
        MessageBox.Show("Hello!");
    }
}
```

Step3：添加 student 类的定义。

```
public class student:person
{
    public string major;
    public override  void message()
    {
        MessageBox.Show("Hello!I am a student,my major is"+major );
    }
}
```

Step4：添加 teacher 类的定义。

```
public class teacher : person
{
    public string university;
    public override void message()
    {
        MessageBox.Show("Hello!I am a teacher,my university is" + university);
    }
}
```

Step5：添加 button1 按钮的单击事件。

```
private void button1_Click(object sender, EventArgs e)
{
    int i;
    person[] p = new person[3];
    person p1 = new person();
    student  p2 = new student();
    teacher p3 = new teacher();
```

```
            p2.major = "computer";
            p3.university = "Peking University";
            p[0] = p1;
            p[1]=p2;
            p[2]=p3;
            for (i = 0; i < 3; i++)
                p[i].message();
        }
```

Step6：程序运行结果如图 6-6 所示。

（a）运行结果（一）　　　　（b）运行结果（二）　　　　（c）运行结果（三）

图 6-6　程序运行结果

任务拓展

利用多态实现相关功能

汽车 Vehicle 类具有颜色、重量和启动、行驶、停止这些特征；客车 Car 除了具有汽车的上述特性外，还具有搭载乘客的特点；货车 GoodsCar 除了具有汽车的上述特性外，还具有装载货物特点。

Step1：定义汽车 Vehicle 类，具有颜色、重量和启动、行驶、停止，代码如下。

```
class Vehicle
{
    string color;                              //颜色
    float weight;                              //重量
    public Vehicle() { }                       //构造函数
    public Vehicle(string c, float w)          //构造函数
    {
        color = c;
        weight = w;
    }
    public virtual void Power()
    {
        Console.WriteLine("汽车起动.");
    }
    public virtual void Run()
    {
        Console.WriteLine("汽车行驶.");
    }
    public virtual void Stop()
    {
        Console.WriteLine("汽车停止.");
    }
}
```

Step2：定义客车 Car 除了具有汽车的上述特性外还具有搭载乘客的特点，代码如下。

```csharp
class Car : Vehicle
{
    int passengers;          //私有成员:乘客数
    public Car(string c, float w, int p)
    : base(c, w)
    {
        passengers = p;
    }
    public override void Power()
    {
        Console.WriteLine("客车起动.");
    }
    public override void Run()
    {
        Console.WriteLine("客车行驶.");
    }
    public override void Stop()
    {
        Console.WriteLine("客车停止.");
    }
    public void Take()
    {
        Console.WriteLine("客车：当前乘坐{0}人", passengers);
    }
}
```

Step3：定义货车类 GoodCar 除了具有汽车的上述特性外还具有装载货物特点，代码如下。

```csharp
class GoodsCar :Vehicle
{
    public GoodsCar(string c, float w)
    : base(c, w)
    {
    }
    public override void Power()
    {
        Console.WriteLine("货车起动.");
    }
    public override void Run()
    {
        Console.WriteLine("货车行驶.");
    }
    public override void Stop()
    {
        Console.WriteLine("货车停止.");
    }
    public void Stow(int w)              //装载
    {
        Console.WriteLine("货车：装载了{0}吨货物", w);
```

```
    }
    public void UnLoad(int w)              //卸货
    {
        Console.WriteLine("货车:卸掉了{0}吨货物",w);
    }
}
```

Step4：定义 Main()方法，实例化对象并调用相关方法，具体代码如下。

```
static void Main(string[] args)
{
    Vehicle s = new Vehicle("blue",1500f);
    s.Power();
    s.Run();
    s.Stop();
    Car car = new Car("yellow", 200f, 5);
    car.Power();
    car.Run();
    car.Take();
    car.Stop();
    GoodsCar gCar = new GoodsCar("red", 1000f);
    gCar.Power();
    gCar.Run();
    gCar.Stow(29);
    gCar.UnLoad(3);
    gCar.Stop();
    Console.ReadKey();
}
```

Step5：程序运行结果如图 6-7 所示。

图 6-7　程序运行结果

任务三　实现两个数的加减乘除运算

任务描述

使用委托实现加减乘除运算。在文本框中输入相应的操作数 1 和操作数 2 及要进行的运算操作符，然后单击"确定"按钮，在结果文本框中显示运算结果。

任务分析

定义委托后，实例化委托对象，然后使用委托对象调用所引用的方法，方法包括加减乘除4种方法，在按钮的单击事件中编写具体的委托调用。

基础知识

一、定义和使用委托

委托可以被理解为一种特殊的类，它定义了方法的类型，使得可以将一个方法当作另一个方法的参数来进行传递。这种将方法作为参数进行传递的做法，可以避免在程序中大量使用选择语句，使程序更为简洁，同时也使得程序更灵活，便于扩展。

委托的定义非常类似于方法，但是不带方法体，使用关键字 delegate，具体定义格式如下：

```
访问权限修饰符    delegate 返回值类型   委托名（参数表）；
```

其中，返回值类型和参数表组成了委托的签名，委托对象只能引用与其签名匹配的方法。例如：

```
Public delegate double Func(double x,double y);
```

定义了一个委托类型 Func，该类型的对象可用于引用有两个 double 类型参数且返回值类型为 double 的方法。

定义委托后需要声明属于该委托的对象，也称为实例化委托。具体语法格式如下：

```
委托名 委托对象名
```

例如：

```
public static double Sum(double x,double y)
{
    return  x+y;
}
Func func=new Func(Sum);
```

C#语言中提供了简洁的创建形式：

```
Func func=Sum;
```

委托对象声明完成后，就可以使用该委托对象调用它所引用的方法，即可以将该对象看作是其引用的方法本身来调用。例如：

```
Double z=func(3,5);
```

调用时，调用者传递给委托对象的参数被传递给方法。

【例6-5】调用委托示例。

```
using System;
using System.Collections.Generic;
using System.Linq;
using System.Text;
namespace ConsoleApplication8
{
    public delegate double Func(double x,double y);
```

```csharp
    class Program
    {
        public static double Sum(double x,double y)
        {
            return  x+y;
        }
        public static double Sub(double x,double y)
        {
            return  x-y;
        }
        static void Main(string[] args)
        {
            Console.WriteLine("请输入x和y的值");
            double x = Convert.ToDouble(Console.ReadLine());
            double y = Convert.ToDouble(Console.ReadLine());
            Func f1 = new Func(Sum);
            Console.WriteLine("x与y的和为"+f1(x,y));
            Func f2 = new Func(Sub);
            Console.WriteLine("x与y的差为"+f2(x,y));
            Console.ReadKey();
        }
    }
}
```

程序运行结果如图 6-8 所示。

图 6-8　程序运行结果

二、传递委托

委托也可以被看作一种引用类型，因此，其对象可以用作方法的参数。这样，方法便可以将一个委托对象作为参数来接收，并在方法中使用该委托对象调用它引用的任何方法，而在运行之前无法知道调用的是哪个方法。

【例 6-6】传递委托示例。

```csharp
using System;
using System.Collections.Generic;
using System.Linq;
using System.Text;
namespace ConsoleApplication8
{
    public delegate double Func(double x,double y);
    class Program
    {
        public static double Sum(double x,double y)
        {
```

```
            return  x+y;
        }
        public static double Sub(double x,double y)
        {
            return  x-y;
        }
        public static double Mul(double x,double y)
        {
            return  x*y;
        }
        public static double Div(double x,double y)
        {
            return  x/y;
        }
        static void DoFunc(double x, double y, Func f)
        {
            Console.WriteLine(f(x,y));
        }
        static void Main(string[] args)
        {
            Console.WriteLine("请输入x和y的值");
            double x = Convert.ToDouble(Console.ReadLine());
            double y = Convert.ToDouble(Console.ReadLine());
            Console.WriteLine("请输操作符");
            string ope = Console.ReadLine();
            switch (ope.Trim())
            {
                case "+": DoFunc(x,y,Sum);
                    break;
                case "-": DoFunc(x, y, Sub);
                    break;
                case "*": DoFunc(x, y, Mul);
                    break;
                case "/": DoFunc(x, y, Div);
                    break;
            }
            Console.ReadKey();
        }
    }
}
```

程序运行结果如图 6-9 所示。

三、组合委托

声明的委托对象每次可以同时引用多个方法，如果需要给某个委托对象中分配多个方法，只需要用加法运算符；如果需要从某个委托对象中移除某个它已经引用的方法，只需要使用减法运算符。

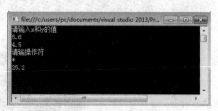

图 6-9　程序运行结果

【例 6-7】组合委托示例。

```
using System;
using System.Collections.Generic;
```

```
using System.Linq;
using System.Text;
namespace ConsoleApplication8
{
    public delegate void Func(double x, double y);
    class Program
    {
        public static void Sum(double x, double y)
        {
            Console.WriteLine( x + y);
        }
        public static void Sub(double x, double y)
        {
            Console.WriteLine(x - y);
        }
        public static void Mul(double x, double y)
        {
            Console.WriteLine(x * y);
        }
        public static void Div(double x, double y)
        {
            Console.WriteLine(x / y);
        }
        static void Main(string[] args)
        {
            Console.WriteLine("请输入x和y的值");
            double x = Convert.ToDouble(Console.ReadLine());
            double y = Convert.ToDouble(Console.ReadLine());
            Console.WriteLine("进行四则运算");
            Func f1 = Sum;
            Func f2 =Sub ;
            f1 += Div;
            f1 = f1 + Mul;
            f1 = f1 + f2;
            f1(x, y);
            Console.WriteLine("进行乘除运算");
            f1 -= Sum;
            f1 = f1 - f2;
            f1(x, y);
            Console.ReadKey();
        }
    }
}
```

程序运行结果如图6-10所示。

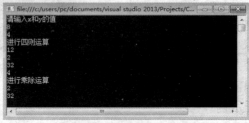

图6-10 程序运行结果

任务实施

Step1：打开 VS 2013 软件，创建 Windows 窗体应用程序，在窗体上放置 4 个 Label 标签，4 个 TextBox 控件，一个 Button 按钮控件，如图 6-11 所示。

Step2：设置控件属性，设置 Form 的 Text 属性为委托示例；Label 标签的 Text 属性分别为操作数 1、操作数 2、运算符和运算结果；Button 按钮的 Text 属性为确定，如图 6-12 所示。

图 6-11　设置控件　　　　　　　图 6-12　设置控件属性

Step3：定义委托。

```
public delegate double Func(double x, double y);
```

Step4：定义加减乘除方法。

```
public static double Sum(double x, double y)
{
    return x + y;
}
public static double Sub(double x, double y)
{
    return x - y;
}
public static double Mul(double x, double y)
{
    return x * y;
}
public static double Div(double x, double y)
{
    return x / y;
}
```

Step5：定义 button1_Click 的事件，代码如下：

```
private void button1_Click(object sender, EventArgs e)
{
    Func f;
    double x = Convert.ToDouble(textBox1.Text.Trim());
    double y = Convert.ToDouble(textBox2.Text.Trim());
    switch (textBox3.Text.Trim())
    {
```

```
                case "+":
                    f = new Func(Sum);
                    textBox4.Text = Convert.ToString(f(x, y));
                    break;
                case "-":
                    f = new Func(Sub);
                    textBox4.Text = Convert.ToString(f(x, y));
                    break;
                case "*":
                    f = new Func(Mul);
                    textBox4.Text = Convert.ToString(f(x, y));
                    break;
                case "/":
                    f = new Func(Div);
                    textBox4.Text = Convert.ToString(f(x, y));
                    break;
            }
        }
```

Step6：在文本框中输入如图 6-13 所示信息，单击"确定"按钮，运行结果如图 6-14 所示。

图 6-13　输入信息

图 6-14　运算结果

任务拓展

定义一个原型为 void WriteMethodInfo(Delegate dg1)的方法，能够在控制台依次输出委托对象 dg1 所封装的各个方法的返回类型、参数数量和类型等信息。（提示：使用 Delegate 类型的 GetInvokationList()方法和 Method 属性）

Step1：定义一个委托，代码如下。

```
public delegate void MyDelegate(int a, int b);
```

定义 void WriteMethodInfo(Delegate dg1)方法接收一个委托类型的参数，具体代码如下：

```
public static void WriteMethodInfo(Delegate dg1)
{
    foreach (Delegate dg in dg1.GetInvocationList())
    {
        Console.WriteLine("方法名:{0}\n 返回类型:{1}\n 参数数量:{2}",
dg1.Method, dg1.Method.ReturnType, dg1.Method.GetParameters().Count());
```

```
        Console.Write("参数类型依次是: ");
        foreach (System.Reflection.ParameterInfo item in dg1.Method.GetParameters())
        {
            Console.Write("{0}\t",item.ParameterType);
        }
        Console.WriteLine("\n------------------------");
    }
}
```

Step2：定义传递含参测试方法，具体代码如下。

```
public static void TestMethod(int a, int b)
{
    Console.WriteLine("测试方法");
}
```

Step3：定义 Main()方法，实现在控制台依次输出委托对象 dg1 所封装的各个方法，代码如下。

```
static void Main(string[] args)
{
    MyDelegate dg1 = new MyDelegate(TestMethod);
    WriteMethodInfo(dg1);
    Console.ReadKey();
}
```

Step4：程序运行结果如图 6-15 所示。

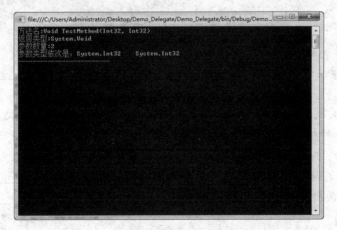

图 6-15　程序运行结果

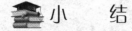

小　　结

本单元通过 3 个任务讲解了继承和多态的概念、如何使用继承和多态及委托的概念和实现方法。该部分内容是面向对象程序设计中的基本概念和基本方法，是需要重点掌握的内容之一。

习 题

一、选择题

1. 在C#中，定义派生类时，指定其基类应使用的语句是（　　）。
   A. Inherits B. : C. Class D. Overrides
2. 类的以下特性中，可用于方便重用已有代码和数据的是（　　）。
   A. 多态 B. 封装 C. 继承 D. 抽象
3. 关于关于虚方法实现多态，下列说法错误的是（　　）。
   A. 定义虚方法使用关键字 virtual
   B. 关键字 virtual 可以与 override 一起使用
   C. 虚方法是实现多态的一种应用形式
   D. 派生类是实现多态的一种应用形式
4. 以下关于继承的说法错误的是（　　）。
   A. .NET框架类库中，object类是所有类的基类
   B. 派生类不能直接访问基类的私有成员
   C. protected修饰符既有公有成员的特点，又有私有成员的特点
   D. 基类对象不能引用派生类对象
5. 继承具有（　　），即当基类本身也是某一类的派生类时，派生类会自动继承间接基类的成员。
   A. 规律性 B. 传递性 C. 重复性 D. 多样性

二、填空题

1. 当创建派生类对象时，先执行_____的构造函数，后执行_____的构造函数。
2. 如果基类没有默认的构造函数，那么其派生类构造函数必须通过_____关键字来调用基类的构造函数。
3. 在类中的方法声明前加上_____修饰符，称为虚方法。
4. 在C#中在派生类中重新定义基类的虚函数必须在前面加_____。
5. C#支持两种类型的多态性，即_____时的多态性和_____时的多态性。

三、综合题

1. 什么叫多态性，在C#语言中如何实现多态？
2. 如何定义和使用委托？

四、上机编程

1. 编写一个教师类，通过它派生出教授、副教授和讲师，再编写控制台应用程序，测试已定义的类。
2. 定义哺乳动物类且添加其Speak()虚方法，通过它派生出猫类并重写该虚方法，再编写控制台应用程序，调用派生类改写后的方法。

单元七

接口与抽象类

引言

当创建一个类时,有时需要让该类包含一些特殊的方法,该类对这些方法不提供实现方式,但是该类的派生类必须实现这些方法。有时候又需要定义一系列需要实现的功能并且在形式上要求保持一致,这就需要借助于抽象类和接口。本单元通过3个任务讲解了接口的概念、如何定义和使用接口、抽象类的概念、如何定义和使用抽象类、接口和抽象类的相似与区别之处。通过本单元的学习,读者可熟悉接口与抽象类的常用用法。

要点

- 掌握接口的概念及如何定义接口。
- 掌握抽象类的定义和使用。
- 掌握何时使用接口,何时使用抽象类。

任务一 实现学生不同方式的自我介绍

任务描述

定义一个接口Ifunction(包含Name和Age属性)、两个名称相同且具有相同返回值的Introduce方法(方法一个有参数一个没有参数),定义一个student类用来继承接口,并实现对属性的赋值和方法的具体实现,在测试类中通过实现接口中的两个不同方法达到相同的操作效果。

任务分析

首先需要定义接口进行相关属性和方法的声明;然后定义student类,要求继承已定义的接口,并具体化方法的实现;最后在测试类中,需要创建具体的类对象,对属性赋值并调用方法。

基础知识

一、接口

接口是引用类型,是一系列需要实现的功能的定义。在C#中,是用interface关键字声明一个接口。接口的声明格式：

```
[访问修饰符] interface 接口名称
{
    //接口体
}
```

> **注意：**
> 接口中只能包含方法、属性、索引器和事件的声明，不能包含字段。不允许声明成员上的修饰符，即使是 pubilc 都不行（因为接口成员总是公有的），也不能声明为虚拟和静态的。如果需要修饰符，最好让实现类来声明。

要实现一个接口，必须要有相应的类实现该接口，接口的实现类可以是派生类，并且这些派生类可以包括一些自己特有的类成员。实现某个接口的任何类都将具有该接口中的所有元素。一个C#类只能继承一个父类，但可以实现多个接口。类实现接口的一般格式：

```
[访问修饰符] class 类名:接口1,接口2,…
{
    //类体
}
```

【例7-1】接口的声明和实现。

定义接口的代码如下：

```
interface Ifunction
{
    void print();
}
```

定义类实现接口的代码如下：

```
class Test : Ifunction
{
    public void print()
    {
        Console.WriteLine("接口的声明与实现示例:Test 实现接口 Ifunction");
    }
}
```

测试代码如下：

```
class Program
{
    static void Main(string[] args)
    {
        Test t1 = new Test();
        t1.print ();
        Console.ReadKey();
    }
}
```

程序运行结果如图 7-1 所示。

单元七 接口与抽象类

图 7-1 程序运行结果

> **注意：**
> 在上面的代码中，是通过公有成员方法来实现所支持的接口，这种方法叫作接口方法的隐式实现。此时既可以通过类的实例来进行方法调用，也可以隐式转换为接口实例再进行方法的调用。类对接口方法的实现还有另一种形式，即在方法名之前加上接口名，这种方法叫作接口的显式实现。该方法不能使用任何修饰符，实际上为类的私有成员，因此不能通过类的实例来访问，而需要转换为接口实例才能访问。

二、实现多个接口

在 C#中一个类可以实现多个接口，要求在实现类中实现所有接口规定的所有成员。

【例 7-2】定义两个接口，分别包含一个属性和一个方法。定义实现类实现已定义的两个接口，观察运行效果。

定义接口代码如下：

```
interface Ifunction1
{
    string Name { get; set; }
    void Introduce1(string name);
}
interface Ifunction2
{
    int Age { get; set; }
    void Introduce2(int age);
}
```

定义实现类代码如下：

```
class Test : Ifunction1,Ifunction2
{
    public string Name
    {
        get;
        set;
    }
    public int Age
    {
        get;
        set;
    }
    public void Introduce1(string name)
    {
```

```
            Console.WriteLine(" 我叫{0}",name);
        }
        public void Introduce2(int age)
        {
            Console.WriteLine(" 我今年{0}岁", age );
        }
    }
```

测试代码如下:

```
class Program
{
    static void Main(string[] args)
    {
        Test t1 = new Test();
        t1.Introduce1("张三");
        t1.Introduce2(20);
        Console.ReadKey();
    }
}
```

程序运行结果如图 7-2 所示。

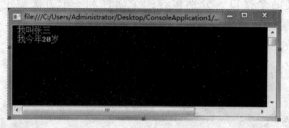

图 7-2　程序运行结果

三、接口的继承

接口可以继承一个或多个其他接口。为了继承多个其他接口，需要在接口名后书写冒号，然后书写用逗号隔开的父接口列表。语法如下：

```
[访问修饰符] interface 接口名称: 被继承的接口列表
{
    接口体
}
```

接口将继承它所有父接口的所有成员，并且接口用户必须实现所有被继承接口的所有成员。也可以先在基类中实现多个接口，然后再通过类的继承来继承多个接口，在这种情况下，如果将该接口声明为扩充类的一部分，也可以在扩充类中通过 new 修饰符隐藏基类中实现的接口；如果没有将继承的接口声明为扩充类的一部分，接口的实现将全部由声明它的基类提供。

【例 7-3】接口的继承示例。

定义接口代码如下：

```
interface Ifunction1
{
```

```
    string Name { get; set; }
    void Introduce1(string name);
}
interface Ifunction2
{
    int Age { get; set; }
    void Introduce2(int age);
}
```

接口的继承代码如下：

```
interface Ifunction3 : Ifunction1, Ifunction2
{
    string School { get; set; }
    void Introduce3(string school);
}
```

定义实现类代码如下：

```
class Test : Ifunction3
{
    public string Name
    {
        get;
        set;
    }
    public int Age
    {
        get;
        set;
    }
    public string School
    {
        get;
        set;
    }
    public void  Introduce1(string name)
    {
        Console.WriteLine(" 我叫{0}",name);
    }
    public void Introduce2(int age)
    {
        Console.WriteLine(" 我今年{0}岁", age );
    }
    public void Introduce3(string school)
    {
        Console.WriteLine(" 我在{0}学校", school );
    }
}
```

测试代码如下：

```
class Program
{
```

```
static void Main(string[] args)
{
    Test t1 = new Test();
    t1.Introduce1("张三");
    t1.Introduce2(20);
    t1.Introduce3("第一中学");
    Console.ReadKey();
}
```

程序运行结果如图 7-3 所示。

四、接口实现多态

前面章节介绍了通过虚拟方法和重载方法来实现多态性，类似地接口也可以实现多态，通过多个类继承相同接口来实现。

下面程序中 Test1 和 Test2 类都支持 Ifunction1 接口，主程序 Program 的 Introduce()

图 7-3 程序运行结果

方法用于自我介绍，只要对象声明支持 Ifunction1 接口，就可以通过 Introduce()方法来进行自我介绍，至于采取哪种形式介绍自己的哪些信息都不需要关心。

【例 7-4】接口实现多态示例。

定义接口代码如下：

```
interface Ifunction1
{
    string Name { get; set; }
    int Age { get; set; }
    void Introduce(string name,int age);
}
```

定义实现类 Test1 代码如下：

```
class Test1 : Ifunction1
{
    public string Name
    {
        get;
        set;
    }
    public int Age
    {
        get;
        set;
    }
    public void Introduce(string name,int age)
    {
        Console.WriteLine(" 我叫{0},今年{1}岁。", name,age);
    }
}
```

定义实现类 Test2 代码如下：

```
class Test2 : Ifunction1
{
    public string Name
    {
        get;
        set;
    }
    public int Age
    {
        get;
        set;
    }
    public void Introduce(string name, int age)
    {
        Console.WriteLine(" 我今年{0}岁,我的名字是{1}。", age,name );
    }
}
```

测试代码如下：

```
class Program
{
    static void Main(string[] args)
    {
        Test1 t1 = new Test1();
        t1.Introduce("张三",20);
        Test2 t2 = new Test2();
        t2.Introduce("张三", 20);
        Console.ReadKey();
    }
}
```

程序运行结果如图 7-4 所示。

图 7-4 程序运行结果

任务实施

Step1：定义接口 Ifunction，包含 Name 和 Age 属性、方法 void Introduce(string name,int age)和 void Introduce()。定义代码如下：

```
interface Ifunction
{
    string Name { get; set; }
    int Age { get; set; }
```

```
        void Introduce(string name,int age);
        void Introduce();
}
```

Step2：定义 student 类，包含对 Name 和 Age 属性的赋值、方法 void Introduce(string name,int age)和 void Introduce()的具体实现。定义代码如下：

```
class student : Ifunction
{
    public string Name
    {
        get;
        set;
    }
    public int Age
    {
        get;
        set;
    }
    public void Introduce(string name,int age)
    {
        Console.WriteLine(" 我叫{0},今年{1}岁。", name,age);
    }
    public void Introduce()
    {
        Console.WriteLine(" 我叫{0},今年{1}岁。", Name,Age );
    }
}
```

Step3：定义测试类，在 Main()方法中，创建两个 student 类对象 t1 和 t2，并进行赋值，通过两个不同的 Introcuce()方法执行相同的操作。定义代码如下：

```
class Program
{
    static void Main(string[] args)
    {
        student t1 = new student();
        t1.Introduce("张三",20);
        student t2 = new student();
        t2.Name = "张三";
        t2.Age = 20;
        t2.Introduce();
        Console.ReadKey();
    }
}
```

Step4：程序运行结果如图 7-5 所示。

图 7-5　程序运行结果

任务拓展

以控制台形式演示基类如何使用虚拟成员实现接口成员及继承接口的类如何重写虚拟成员更改接口行为。具体要求如下：

（1）定义 3 个接口 IDraw1、IDraw2 和 IDraw3，分别包含成员 Draw1()、Draw2() 和 Draw3()。

（2）定义接口 IDraw 继承了 IDraw1、IDraw2 并有成员 DrawMe()。

（3）类 Class1 实现了 IDraw 和 IDraw3 的所有接口，同时具有虚拟成员 DrawAll()。

（4）类 Class2 继承了类 Class1，重写了虚拟成员 DrawAll()。

Step1：定义 3 个接口 IDraw1、IDraw2 和 IDraw3，分别包含成员 Draw1()、Draw2() 和 Draw3()。具体代码如下：

```
interface IDraw1 { string Draw1();}
interface IDraw2 { string Draw2();}
interface IDraw3 { string Draw3();}
```

Step2：定义接口 IDraw 继承了 IDraw1、IDraw2 并有成员 DrawMe()。具体代码如下：

```
interface IDraw : IDraw1, IDraw2
{
    string DrawMe();
}
```

Step3：定义类 Class1 实现了 IDraw 和 IDraw3 的所有接口，同时具有虚拟成员 DrawAll()。具体代码如下：

```
class Class1 : IDraw, IDraw3
{
    //实现 IDraw1 中的接口
    public string Draw1(){return "Draw1Ok";}
    //实现 IDraw2 中的接口
    public string Draw2() { return "Draw2OK"; }
    //实现 IDraw 中的接口
    public string DrawMe() { return "DrawMeOk"; }
    //实现 IDraw3 中的接口
    public string Draw3()
    {
        //虽然接口定义不能包含virtual,但接口成员中可以调用其他方法
        //而在其他方法中可包含virtual,利用这种方式可以重写接口
        return DrawAll();
    }
    public virtual string DrawAll()
    {
        return "基类中实现的 DrawAll";
    }
}
```

Step4：定义类 Class2 继承了类 Class1，重写了虚拟成员 DrawAll()。具体代码如下：

```
class Class2 : Class1
{
```

```
        public override string DrawAll()
        {
            return "扩充类中实现的DrawAll";
        }
    }
```

Step5：定义 Main()方法，以控制台形式演示基类如何使用虚拟成员实现接口成员及继承接口的类如何重写虚拟成员更改接口行为。具体代码如下：

```
static void Main(string[] args)
{
    Class2 c2 = new Class2();
    IDraw mydraw = c2 as IDraw;
    Console.WriteLine(mydraw.Draw1());
    Console.WriteLine(mydraw.Draw2());
    Console.WriteLine(mydraw.DrawMe());
    IDraw3 mydraw3 = c2 as IDraw3;
    Console.WriteLine(mydraw3.Draw3());
    Console.ReadKey();
}
```

Step6：程序运行结果如图 7-6 所示。

图 7-6　程序运行结果

任务二　正方形和圆形的绘制与旋转

任务描述

定义抽象类，包含绘制抽象方法和旋转虚方法，在派生类正方形类和圆形类中定义绘制和旋转方法，分别实现对正方形和圆形的绘制和旋转。

任务分析

定义抽象类 shape，包含抽象方法 draw()的声明和虚方法 rotate()的定义。在派生类 square 和 circle 中，分别实现抽象方法的具体实现和虚方法的重写。

基础知识

一、抽象类

如果一个类不与具体的事物相联系，而只是表达一种抽象的概念，仅仅是作为其派生类的一个基类,这样的类就是抽象类。抽象类是为继承而定义的,是其所有派生类公共特征的集合。它只能用作其他类的基类,不能创建其对象。

抽象类使用 abstract 修饰符,用于表示所修饰的类是不完整的,即类中的成员(例如方法)不一定全部实现,可以只有声明没有实现,抽象类只能用作基类。抽象类与非抽象类的主要区别如下:

(1)抽象类不能直接被实例化,只能在扩充类中通过继承使用。

(2)抽象类中可以包含抽象成员,但非抽象类中不可以包含抽象成员。当从抽象类派生非抽象类时,这些非抽象类必须具体实现所继承的所有抽象成员。

(3)抽象类不能被密封。

二、抽象方法

当创建一个类时,有时需要让该类包含一些特殊的方法,该类对这些方法不提供实现方式,但是该类的派生类必须实现这些方法,这些方法称为抽象方法。抽象方法也是一种虚拟方法(但是不能用关键字 virtual 显式声明),可以被重写以实现多态。

抽象方法是一个不完全的方法,它只有方法头,没有具体的方法体。对于普通的方法,声明的一般形式如下:

```
abstract 返回值类型 方法名(形式参数表);
```

例如:

```
abstract class A                              //定义抽象类
{
    public abstract void MethodA();           //声明抽象方法
}
A a =new A();                                 //错误,不能创建抽象类的对象
```

如果某个类继承于抽象类,一般来说,应该在其中实现抽象类中的所有抽象方法(重写)。如果没有完全实现抽象类中的抽象方法,那么这个派生类就也成为一个抽象类,必须用关键字 abstract 修饰。例如:

```
Class B:A     //错误,B或者声明为抽象的,或者实现A的抽象方法
{
    public void MethodB();
}
classC:A
{
    public override void MethodA();    //实现类A中的抽象方法
}
```

如果某个类中含有抽象方法,那么这个类就是一个抽象类。但是,一个抽象类并不一定拥有抽象方法。例如,下面的代码定义了一个抽象类,但是并没有抽象方法。

```
abstract class A
{
    public void Method(){}
}
```

声明抽象方法时需注意:

(1)抽象方法必须声明在抽象类中。

(2)声明抽象方法时,不能使用 virtual、static、private 修饰符。

(3)在抽象类中抽象方法不提供实现方式。

三、抽象类实现多态性

抽象类中的方法是抽象的,没有具体实现方式,所以可以通过多个派生类重写基类成员方法来实现多态。

【例 7-5】抽象类实现多态性示例。

定义抽象类代码如下:

```
public abstract class shape
{
    public abstract void draw();
}
```

定义派生类 square 代码如下:

```
public class square : shape
{
    public override void draw()
    {
        Console.WriteLine("画 square 图形");
    }
}
```

定义派生类 triangle 代码如下:

```
public class triangle : shape
{
    public override void draw()
    {
        Console.WriteLine("画 triangle 图形");
    }
}
```

测试代码如下:

```
class Program
{
    static void Main(string[] args)
    {
        square s1 = new square();
        s1.draw();
        triangle s2 = new triangle();
        s2.draw();
        Console.ReadKey();
    }
}
```

程序运行结果如图 7-7 所示。

图 7-7 程序运行结果

任务实施

Step1：定义抽象类 shape，包含抽象方法 draw() 的声明和虚方法 rotate() 的定义。代码如下：

```
public abstract class shape
{
    public  abstract  void draw();
    public  virtual  void rotate()
    {
        Console.WriteLine ("旋转图形");
    }
}
```

Step2：定义派生类 square，利用抽象方法 draw() 的具体实现绘制 square 图形，rotate() 虚方法重写实现旋转 square 图形。代码如下：

```
public class square : shape
{
    public override void draw()
    {
        Console.WriteLine("画 square 图形");
    }
    public override void rotate()
    {
        Console.WriteLine("旋转 square 图形");
    }
}
```

Step3：定义派生类 circle，利用抽象方法 draw() 的具体实现绘制 circle 图形，rotate() 虚方法重写实现旋转 circle 图形。代码如下：

```
public class circle : shape
{
    public override void draw()
    {
        Console.WriteLine("画 circle 图形" );
    }
    public override void rotate()
    {
        Console.WriteLine("旋转 acircle 图形");
    }
}
```

Step4：定义测试类，创建具体的 square 和 circle 对象，并执行 draw() 和 rotate() 方法。代码如下：

```
class Program
{
    static void Main(string[] args)
    {
        square s1 = new square();
        s1.draw();
```

```
            s1.rotate();
            circle  s2 = new circle ();
            s2.draw();
            s2.rotate();
            Console.ReadKey();
        }
    }
```

Step5：程序运行结果如图 7-8 所示。

图 7-8　程序运行结果

任务拓展

编写 Teacher 抽象类，派生教授类、副教授类和讲师类，派生类要重写 Teacher 类中求工资的方法 getWage()。编写基于控制台的测试类求不同类型教师的月工资。

Step1：定义教师抽象类，包括姓名属性、教师上课课时字段和老师月工资的抽象方法。具体代码如下：

```
abstract class Teacher
{
    protected string name;
    public string Name                           //定义姓名属性
    {
        get;
        set;
    }
    protected int teachHour;                     //定义老师上课课时
    public abstract double getWage();            //定义获取老师月工资的抽象方法
}
```

Step2：定义派生的讲师类，具体代码如下。

```
class Lecturer : Teacher
{
    public Lecturer(string name, int teachHour)
    {
        this.name = name;
        this.teachHour = teachHour;
    }
    public override double getWage()             //重写方法
    {
        return 3000 + 30 * teachHour;
    }
}
```

Step3：定义派生的副教授类，具体代码如下。

```
class AssociatedProfessor : Teacher          //派生副教授类
{
    public AssociatedProfessor(string name, int teachHour)
    {
        this.name = name;
        this.teachHour = teachHour;
    }
    public override double getWage()         //重写方法
    {
        return 4000 + 40 + teachHour;
    }
}
```

Step4：定义派生的教授类，具体代码如下。

```
class Professor : Teacher                    //派生教授类
{
    public Professor(string name, int teachHour)
    {
        this.name = name;
        this.teachHour = teachHour;
    }
    public override double getWage()         //重写方法
    {
        return 5000 + 50 * teachHour;
    }
}
```

Step5：定义Main()方法，计算不同类型教师的月工资，具体代码如下。

```
static void Main(string[] args)
{
    Teacher teacher1 = new Lecturer("张三", 50);
    Teacher teacher2 = new AssociatedProfessor("李四", 40);
    Teacher teacher3 = new Professor("王五", 30);
    Console.WriteLine("{0}讲师的月收入是:{1}", teacher1.Name, teacher1.getWage());
    Console.WriteLine("{0}副教授的月收入是:{1}", teacher2.Name, teacher2.getWage());
    Console.WriteLine("{0}教授的月收入是:{1}", teacher3.Name, teacher3.getWage());
    Console.ReadKey();
}
```

Step6：程序运行结果如图7-9所示。

图7-9　程序运行结果

任务三　实现小猫"喵喵喵……"与汽车"滴滴滴……"

任务描述

利用接口与抽象类实现，当小猫叫时输出"喵喵喵……"，当汽车叫时输出"滴滴滴……"。

任务分析

定义抽象类 Vehicle，只包含 name 和 color 字段；定义抽象类 Animal，只包含 name 和 age 字段；定义 makeSound 接口，只包含名为 sound()方法定义，不包括具体方法的实现；定义子类 car 是 Vehicle 和 makeSound 的子类，实现接口 makeSound 中 sound()方法；定义子类 cat 是 Animal 和 makeSound 的子类，也实现接口 makeSound 中 sound()方法。

基础知识

一、抽象类与接口

抽象类适合用来描述具有共同特征的一些类，例如，小学生、中学生和大学生可以定义为类，都属于学生，具有学号、姓名、成绩等共同特征。这种情况下，学生类适合作为抽象类来描述。

接口类适合用来实现不同类的相同或相似的行为，例如小鸟和飞机都能飞。但它们不属于同一类事物，用接口描述更为恰当。

接口和抽象类都不能创建实例，接口方法和抽象方法也一样没有执行代码；此外，接口方法不能是静态的，也不能使用任何访问限制修饰符。从某种意义上讲，可以把接口看成是只包含抽象方法的抽象类，其中每个接口方法都表示一项执行规则。

二、抽象类与接口的区别

抽象类主要用于关系密切的对象，而接口最适合为不相关的类提供通用的功能。设计优良的接口往往功能很小而且相互独立，这样可以减少产生性能问题的可能性。

抽象类和接口的具体区别体现在以下几点：

（1）抽象类的派生类只能继承一个基类，即只能继承一个抽象类，但是可以继承多个接口。

（2）抽象类中可以定义成员的实现，但接口中不可以。

（3）抽象类中包含字段、构造函数、析构函数、静态成员或常量等，但接口中不可以。

（4）抽象类中的成员可以是私有的（只要不是抽象的）、受保护的、内部的或受保护的内部成员，但接口中的成员必须是公共的。

（5）抽象类主要用作对象系列的基类，共享某些主要特性。接口则主要用于类，这些类在基础水平上有所不同，但仍然可以完成某些相同的任务。

三、选择抽象类还是接口

使用接口还是抽象类为组件提供多态性，主要考虑以下几方面：

（1）如果要创建不同版本的组件或实现通用的功能，则用抽象类来实现。
（2）如果创建的功能在大范围的完全不同的对象之间使用，则用接口来实现。
（3）设计小而简练的功能块一般用接口来实现，大的功能单元一般用抽象类来实现。

【例7-6】接口与抽象类应用示例。

定义接口 fly，包括属性 flyingHeight 和方法 sayFlyConditon()。具体代码如下：

```
public interface fly
{
    int flyingHeight{get;set;}
    void sayFlyCondition();
}
```

定义抽象类 Animal，包含 name 和 age 字段。具体代码如下：

```
public abstract class Animal
{
    public string name;
    public int age;
}
```

定义抽象类 airplane，包含 name 和 manufacturer 字段及 show() 抽象方法。具体代码如下：

```
public abstract class airplane
{
    public string name;
    public string manufacturer;
    public abstract void show();
}
```

定义 helicopter 类，该类是 airplane 类和 fly 接口的子类。具体代码如下：

```
public class helicopter : airplane,fly
{
    int _flyingHeight;
    public int flyingHeight                 //实现接口属性
    {
        get
        {
            return this._flyingHeight;
        }
        set
        {
            this._flyingHeight=value;
        }
    }
    public override void show()             //改写抽象类show()方法
    {
        Console.WriteLine("My manufacturer is"+manufacturer+"My flyingHeight is " + flyingHeight.ToString());
    }
    public void sayFlyCondition()           //实现接口的方法
    {
        Console.WriteLine("I am a helicopter.I need gasoline.");
```

```
        }
```

定义 eagle 类，该类是 Animal 类和 fly 接口的子类。具体代码如下：

```
public class eagle:Animal,fly
{
    int _flyingHeight;
    public int flyingHeight            //实现接口属性
    {
        get
        {
            return this._flyingHeight;
        }
        set
        {
            this._flyingHeight=value;
        }
    }
    public void sayFlyCondition()       //实现接口的方法
    {
        Console.WriteLine("I am  eagle.I need eat chicken.");
    }
}
```

测试代码，定义一个属于 helicopter 类的 h1 对象，并对其属性赋值，调用 show() 和 sayFlyCondition()方法，定义一个属于 eagle 类的 e1 对象，并对其属性赋值，调用 sayFlyCondition()方法。具体代码如下：

```
class Program
{
    static void Main(string[] args)
    {
        helicopter h1=new helicopter();
        h1.manufacturer="China";
        h1.flyingHeight=3000;
        h1.show();
        h1.sayFlyCondition();
        eagle e1=new eagle();
        e1.sayFlyCondition();
            Console.ReadKey();
    }
}
```

程序运行结果如图 7-10 所示。

图 7-10　程序运行结果

任务实施

Step1：打开 VS 2013 软件，新建控制台应用程序，自动生成如下代码。

```
using System;
using System.Collections.Generic;
using System.Linq;
using System.Text;
namespace ConsoleApplication1
{
    class Program
    {
        static void Main(string[] args)
        {
        }
    }
}
```

Step2：添加抽象类 Vehicle 的定义，包含 name 和 color 字段。

```
public abstract class Vehicle
{
    public string name;
    public string color;
}
```

Step3：添加抽象类 Animal 的定义，包含 name 和 age 字段。

```
public abstract class Animal
{
    public string name;
    public int age;
}
```

Step4：添加接口 makeSound 的定义，只包含名为 sound 的方法。

```
public interface makeSound
{
    void sound ();
}
```

Step5：添加子类 car 的定义，该子类继承了 Vehicle 和 makeSound。

```
public class car: Vehicle, makeSound
{
    public void sound()
    {
        Console.WriteLine("滴滴滴……");
    }
}
```

Step6：添加子类 cat 的定义，该子类继承了 Animal 和 makeSound。

```
public class cat: Animal, makeSound
{
    public void sound()
```

```
        {
            Console.WriteLine("喵喵喵……");
        }
}
```

Step7：添加 Main()方法。

```
static void Main(string[] args)
{
    car s=new car();
    s.name="Buick";
    s.color="Blue";
    s.sound();
    cat t=new cat();
    t.name=" Lily";
    t.age=3;
    t.sound();
    Console.ReadKey();
}
```

Step8：程序运行结果如图 7-11 所示。

图 7-11　程序运行结果

任务拓展

利用抽象类和接口分别设计程序，并比较两种设计的差异。具体功能如下：设有 Shape 图形类和矩形 Rectangle 子类、Cube 正方形子类、圆形 Circle 子类；设计一个主方法，其功能是求 n 个图形（矩形 Rectangle、正方形 Cube、圆形 Circle 三个图形个数的任意组合）的面积之和。

Step1：定义抽象图形类，具体代码如下。

```
abstract class Shape                        //定义图形类
{
    public abstract float GetArea();        //定义获取面积方法
}
class Rectangle : Shape                     //定义矩形子类
{
    public float length;                    //定义长
    public float width;                     //定义宽
    public Rectangle(float length, float width)
    {
        this.length = length;
        this.width = width;
    }
```

```
    public override float GetArea()          //求长方形面积
    {
        return this.length * this.width;
    }
}
```

Step2：定义正方形子类，具体代码如下。

```
class Cube : Shape                            //定义正方形子类
{
    public float length;                      //定义边长
    public Cube(float length)
    {
        this.length = length;
    }
    public override float GetArea()           //求正方形面积
    {
        return this.length * this.length;
    }
}
```

Step3：定义圆形子类，具体代码如下。

```
class Circle : Shape                          //定义圆形子类
{
    private const float PI = 3.1415926f;
    public float radius;                      //定义半径
    public Circle(float radius)
    {
        this.radius = radius;
    }
    public override float GetArea()
    {
        return PI * this.radius * this.radius;
    }
}
```

Step4：在测试类中定义求若干图形的面积和方法 GetAreaSum()，具体代码如下。

```
static float GetAreaSum(Shape[] shapes)
{
    float sum = 0;
    for (int i = 0; i < shapes.Length; i++)
    {
        sum += shapes[i].GetArea();
    }
    return sum;
}
```

Step5：定义 Main()方法，求若干图形的面积和，具体代码如下。

```
static void Main(string[] args)
{
    Shape s1 = new Rectangle(10, 5);
    Shape s2 = new Cube(10);
```

```
        Shape s3 = new Circle(5);
        Shape[] shapes ={new Rectangle(10,5),     //矩形
                  new Cube(10),                    //正方形
                  new Cube(10),                    //正方形
                  new Rectangle(30,15),            //矩形
                  new Circle(5)};                  //圆
        Console.WriteLine("以上图形的总面积为:" + GetAreaSum(shapes));
        Console.ReadKey();
    }
```

Step6：程序运行结果如图 7-12 所示。

图 7-12　程序运行结果

小　结

本单元通过 3 个任务讲解了接口和抽象类的概念、如何合理地创建使用接口和抽象类的方法。该部分内容是面向对象程序设计中的基本概念和基本方法，是需要重点掌握的内容之一。

习　题

一、选择题

1. 在 C#中定义接口时，使用的关键字是（　　）。
   A．interface　　B．:　　　　C．class　　　　D．overrides
2. 下列关于接口的说法中，（　　）选项是正确的。
   A．一个类可以有多个基类和多个基接口
   B．抽象类和接口都不能被实例化
   C．抽象类和接口都可以对成员方法进行实现
   D．派生类可以不实现抽象基类的抽象方法，但必须实现继承的接口的方法
3. 以下说法正确的是（　　）。
   A．接口可以实例化　　　　　　　　B．类只能实现一个接口
   C．接口的成员都必须是未实现的　　D．接口的成员前面可以加访问修饰符

4. 下列关于抽象类的说法错误的是（　　）。
   A. 抽象类可以实例化　　　　　　B. 抽象类可以包含抽象方法
   C. 抽象类可以包含抽象属性　　　D. 抽象类可以引用派生类的实例
5. 下列说法中，正确的是（　　）。
   A. 派生类对象可以强制转换为基类对象
   B. 在任何情况下，基类对象都不能转换为派生类对象
   C. 接口不可以实例化，也不可以引用实现该接口的类的对象
   D. 基类对象可以访问派生类的成员

二、填空题

1. 抽象类使用_____修饰符，用于表示所修饰的类是不完整的。
2. 重写基类的虚方法时，为消除隐藏基类成员的警告，需要带上_____修饰符。
3. 在 C#中一个类可以实现_____接口，要求在实现类中实现所有实现接口规定的所有成员。
4. 接口可以继承一个或多个其他接口，为了继承多个其他接口，需要在接口名后书写_____，然后书写用_____隔开的父接口列表。
5. 抽象类适合用来描述具有共同特征的一些类，接口类适合用来实现不同类的相同或相似的_____。

三、综合题

1. 简要说明接口与抽象类的区别。
2. 抽象类与一般类有什么不同？抽象方法与一般方法有什么不同？
3. 定义两个接口：一个输入设备接口，一个输出设备接口，利用它们定义一个硬盘类。

四、上机编程

1. 定义一个抽象类 Animal，其中包括属性 name、相关构造方法。抽象方法 enjoy( )表示动物高兴时的动作。定义 Cat 类继承于 Animal 类，其中包括属性 eyes、Color 和相关构造方法，同时具体化父类中的抽象方法。
2. 利用接口实现下面功能：
（1）定义一个接口 Sortalbe，包括一个抽象方法 int compare(Sortable s)，表示需要比较大小，返回大于 0 则表示大于。
（2）定义一个类 Student，要求实现此接口，必须重写接口中的抽象方法。Student 类中包括 score 属性，重写 public String toString()方法，在比较大小时按照成绩的高低比较。

单元八

常用类

引言

.NET Framework 提供了强大的类库，类库中包含许多常用的类，极大地方便了程序员编程。通常使用命名空间将常用类组织为层次结构。在本单元中，将学习 C# 中常用的类，通过本单元的学习，读者将熟悉常用类的相关属性和使用方法。

本单元通过 3 个任务讲解了集合类、数学类、日期类、转换类及图形图像处理常用类的属性和方法的使用。

要点

- 掌握常用类的常用属性。
- 掌握常用类的常用方法。

任务一　实现数据的插入、删除与排序

任务描述

批量数据实现升序排序，并可实现对数据的删除和插入操作。

任务分析

将输入的数据进行相应的格式转换放入到 ArrayList 类的 mylist 对象中，并调用相应的 Add()、Remove() 和 Sort() 方法实现插入、删除和排序操作。

基础知识

大多数集合类都在 System.Collections 和 System.Collections.Generic 两个命名空间中，集合和数组有类似之处，但比数组灵活。

一、ArrayList 类

ArrayList 类是一个特殊的数组，通过添加和删除元素，就可以动态改变数组的长度。使用 ArrayList 类需要引用 System.Collections 命名空间，其常用方法如表 8-1 所示。

表 8-1 ArrayList 类的属性

方法	说明
Add()	添加元素到 ArrayList 的结尾
Insert()	将元素插入 ArrayList 的指定索引处
Remove()	从 ArrayList 中移除对象的第一个匹配项
RemoveAt()	移除 ArrayList 的指定索引处的元素
Clear()	从 ArrayList 中移除所有元素
Sort()	按照从小到大的顺序对列表中元素排序
Reverse()	将 ArrayList 中元素的顺序反转

【例 8-1】ArrayList 类属性和方法使用。

```
using System;
using System.Collections.Generic;
using System.Linq;
using System.Text;
using System.Collections;
namespace ConsoleApplication5
{
    class Program
    {
        static void Main(string[] args)
        {
            ArrayList list = new ArrayList();
            list.Add("a");
            list.Add("b");
            list.Add("c");
            list.Add("B");
            list.Add("A");
            list.Add("C");
            Console.WriteLine("排序前:");
            for (int i = 0; i < list.Count; i++)
                Console.Write(list[i] + "\t");
            Console.WriteLine("\n排序后:");
            list.Sort();
            for (int i = 0; i < list.Count; i++)
                Console.Write(list[i] + "\t");
            Console.ReadKey();
        }
    }
}
```

程序运行结果如图 8-1 所示。

二、SortedList 类

SortedList 类是一种特殊的集合类,称为字典集合,采用键/值(key/value)对存储,键不能重复,并且会根据 key 进行排序,其常用属性和方法如表 8-2 所示。

图 8-1 程序运行结果

表 8-2 SortedList 类的属性和方法

类型	名称	说明
属性	Count	获取 SortedList 中包含的元素数
	Keys	SortedList 中的键集合
	Values	SortedList 中的值的集合
	Capacity	SortedList 的容量
方法	Add()	将带有指定键和值的元素添加到 SortedList
	Remove()	从 SortedList 中移除对象的第一个匹配项
	RemoveAt()	移除 SortedList 的指定索引处的元素
	Clear()	从 SortedList 中移除所有元素
	GetKeyList()	获取集合中的所有键
	GetValueList()	获取集合中的所有值

【例 8-2】SortList 类属性和方法使用。

```
using System;
using System.Collections.Generic;
using System.Linq;
using System.Text;
using System.Collections;
namespace ConsoleApplication5
{
    class Program
    {
        static void Main(string[] args)
        {
            SortedList mySL = new SortedList();
            mySL.Add(1, "First");
            mySL.Add(2, "Second");
            mySL.Add(3, "Third");
            //列举SortedList的属性键值
            Console.WriteLine("mySL");
            Console.WriteLine("Count: {0}", mySL.Count);
            Console.WriteLine("Keys and Values:");
            for (int i = 0; i < mySL.Count; i++)
            {
                Console.WriteLine("{0}\t{1}", mySL.GetKey(i), mySL.GetByIndex(i));
            }
            Console.ReadKey();
        }
    }
}
```

程序运行结果如图 8-2 所示。

图 8-2　程序运行结果

三、Stack 类

Stack 类的特点是其元素遵循后进先出原则，即最后插入的对象位于栈的顶端，并将会最先出来，其常用方法如表 8-3 所示。

表 8-3　Stack 类方法

方　法	说　　明	方　法	说　　明
Clear()	从 Stack 中移除所有对象	Push()	将对象插入 Stack 的顶部
Contains()	确定某元素是否在 Stack 中	Peek()	取栈尾对象但不删除
Pop()	移除并返回位于 Stack 顶部的对象		

【例 8-3】入栈和出栈过程示例。

```
using System;
using System.Collections.Generic;
using System.Linq;
using System.Text;
using System.Collections;
namespace ConsoleApplication5
{
    class Program
    {
        static void Main(string[] args)
        {
            Stack st = new Stack();//进栈
            st.Push('A');
            st.Push('B');
            st.Push('C');
            st.Push('D');
            Console.WriteLine("栈内顺序如下");
            // 显示
            foreach (char c in st)
            {
                Console.WriteLine(c);
            }
            Console.WriteLine();
            Console.WriteLine("****************");
            Console.WriteLine("栈顶元素为a: {0}", st.Peek());
            //调用 peek()方法显示
```

```
            Console.WriteLine("****************");
            Console.WriteLine("出栈 ");
            while (st.Count!=0)
            {
                Console.WriteLine(st.Pop());
            }
            Console.ReadKey();
        }
    }
}
```

程序运行结果如图 8-3 所示。

图 8-3 程序运行结果

四、Queue 类

Queue 类的特点是其元素遵循先进先出原则,即最先插入的对象位于队列的顶端将会最先出来,其常用方法如表 8-4 所示。

表 8-4 Queue 类方法

方法	说明	方法	说明
Clear	从 Queue 中移除所有对象	Enqueue	将对象插入 Queue 的队尾
Contains	确定某元素是否在 Queue 中	Peek	取队头对象但不删除
Dequeue	移除并返回位于 Queue 队头的对象		

【例 8-4】入队和出队过程示例。

```
using System;
using System.Collections.Generic;
using System.Linq;
using System.Text;
using System.Collections;
namespace ConsoleApplication5
{
    class Program
    {
        static void Main(string[] args)
        {
            Queue q = new Queue();
```

```
            q.Enqueue('A');
            q.Enqueue('B');
            q.Enqueue('C');
            q.Enqueue('D');
            Console.Write("进队列顺序");
            foreach (char c in q)
                Console.Write(c + " ");
            Console.Write("出队列顺序");
            while (q.Count != 0)
            {
                Console.Write(q.Dequeue());
            }
            Console.ReadKey();
        }
    }
}
```

程序运行结果如图 8-4 所示。

图 8-4　程序运行结果

任务实施

Step1：创建 Windows 窗体应用程序，在窗体上放置 4 个 Label 标签，4 个 TextBox 控件，4 个 Button 按钮控件，如图 8-5 所示。

Step2：窗体名称改为"ArrayList 数据存储"，4 个 Label 的 Text 属性依次改为输入原始数据、插入数据、删除数据、排序后数据序列，4 个 Button 的 Text 属性设置为输入数据、插入数据、删除数据和数据排序，效果如图 8-6 所示。

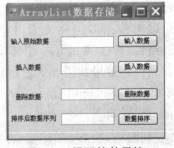

图 8-5　设置控件　　　　　图 8-6　设置控件属性

Step3：添加命名空间 using System.Collections 并创建 ArrayList 类的对象 mylist。

```
public partial class Form1 : Form
{
    ArrayList mylist = new ArrayList();
}
```

Step4：添加"输入数据"按钮的单击事件；

```
private void button4_Click(object sender, EventArgs e)
{
    string[] sarray = textBox1.Text.Trim().Split(',');
    for (int i=0; i < sarray.Length; i++)
        mylist.Add(sarray[i]);
}
```

Step5：添加"插入数据"按钮的单击事件。

```
private void button1_Click(object sender, EventArgs e)
{
    mylist.Add(textBox2.Text );
}
```

Step6：添加"删除数据"按钮的单击事件。

```
private void button2_Click(object sender, EventArgs e)
{
    mylist.Remove(textBox3 .Text);
}
```

Step7：添加"数据排序"按钮的单击事件。

```
private void button3_Click(object sender, EventArgs e)
{
    mylist.Sort();
    for (int i = 0; i < mylist.Count; i++)
        textBox4.Text = textBox4.Text + mylist[i] + ",";
}
```

Step8：在文本框中输入原始数据 5、3、9，要插入的数据 8 和要删除的数据 5，单击"数据排序"按钮，运行效果如图 8-7 所示。

任务拓展

利用 SortedList 存放学生姓名和 C#考试成绩

将学生姓名作为索引键，C#考试成绩作为值，利用循环语句取出 SortedList 中元素内容并显示索引键和值。

Step1：新建 Windows 窗体应用程序，添加相应控件并设置属性，效果如图 8-8 所示。

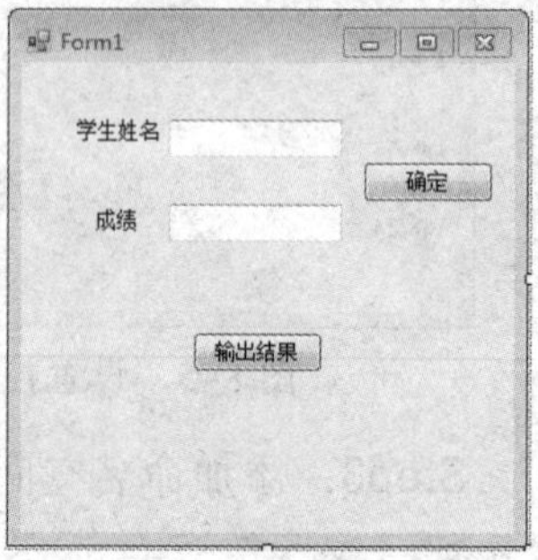

Step2：在 Form1 窗体类中，声明 SortedList 对象 student。代码如下：

```
SortedList student = new SortedList();
```

Step3：编辑"确定"按钮 button1 的单击事件，实现输出的学生姓名和成绩添加到 SortedList 对象 student 中。代码如下：

```
private void button1_Click(object sender, EventArgs e)
```

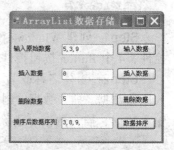

图 8-7 运行结果图

图 8-8 窗体效果图

```
{
    student.Add(textBox1.Text.Trim(), textBox2.Text.Trim());
    textBox2.Text = "";
    textBox1.Text = "";
}
```

Step4：编辑"输出结果"按钮 button2 的单击事件，实现输出显示所有学生姓名与成绩的功能。代码如下：

```
private void button2_Click(object sender, EventArgs e)
{
    String msg = "学生C#考试成绩: \n";
    foreach (DictionaryEntry obj in student)
    {
        var name = obj.Key;
        var score = obj.Value;
        msg = msg + "姓名: " + name + ",";
        msg = msg + "分数: " + score + "\n";
    }
    msg = msg + "考试人数: " + student.Count;
    MessageBox.Show(msg, "SortedList 类别");
}
```

Step5：按图 8-9 样式依次输入学生信息，单击"确定"按钮，完成学生信息输入后单击"输出结果"按钮，结果如图 8-10 所示。

图 8-9 输入样例

图 8-10 程序运行结果

任务二　实现加减乘除的计算器

任务描述

实现加减乘除的计算器且具有显示当前时间的功能。

任务分析

设计计算器的窗体界面，添加时钟控件能够显示当前时间。对输入的数据内容调用相关类的方法进行相应的格式转换进行保存，根据操作法的不同进行相应操作计算，并能实现清除操作。

基础知识

一、Math 类

Math 类为三角函数、对数函数和其他通用数学函数提供常数和静态方法，其常用方法如表 8-5 所示。

表 8-5 Math 类的属性

方 法	说 明
Abs()	返回指定数字的绝对值
Cos()	返回指定角度的余弦值
Acos()	返回余弦值为指定数字的角度
Exp()	返回 e 的指定次幂
Pow()	返回指定数字的指定次幂
Log()	返回指定数字的自然对数
Ceiling()	返回大于或等于指定数字的最小整数
Round()	将值舍入到最接近的整数或指定的小数位数
Floor()	返回小于或等于指定数字的最大整数
Truncate()	计算一个数字的整数部分
IEEERemainder()	返回 a/b 的余数，result 接收余数
Sqrt()	对数字进行开根运算

【例 8-5】Math 类的方法的使用。

```
class Program
{
    static void Main(string[] args)
    {
        Console.WriteLine("-1 的绝对值是:" + Math.Abs(-1));
        Console.WriteLine("30 的余弦值是:" + Math.Cos(30));
        Console.WriteLine("e 的 3 次幂是:"+Math.Exp(3));
        Console.WriteLine("16 的自然对数是:"+Math.Log(16));
        Console.WriteLine("返回大于或等于指定数字的最小整数:"+Math.Ceiling(10.1));
        Console.WriteLine("4.56 四舍五入为:"+Math.Round(4.56));
        Console.WriteLine("16 的开根运算是:"+Math.Sqrt(16));
        Console.ReadKey();
    }
}
```

程序运行结果如图 8-11 所示。

二、String 类

String 类提供了大量和字符串操作相关的属性和方法，在操作 String 类之前，必须对 String 类进行初始化。String 类包含两个常用的构造方法。

图 8-11 程序运行结果

（1）String(Char[] charArray)：将 String 类的新实例初始化为由 Unicode 字符数组指示的值。

（2）String(Char ch,int num)：将 String 类的新实例初始化为由重复指定次数的 Unicode 字符指示的值。

String 类的常用属性和方法如表 8-6 所示。

表 8-6　String 类的常用属性和方法

类别	名称	描述
属性	Length	返回字符串的长度
方法	CompareTo()	两字符串进行比较
	Contains()	判断是否包含指定字符串，返回 True 或 False
	Equals()	判断两字符串是否相等，返回 True 或 False
	IndexOf()	在字符串中查找指定的字符串，返回位置值，位置从 0 开始
	Insert()	将指定的字符串插入到字符串中
	Remove()	删除字符串中从指定位置开始到字符串结束的所有字符
	Replace()	用指定的字符串代替字符串

【例 8-6】String 方法的使用。

```
Class Program
{
    static void Main(string[] args)
    {
        String s;
        s = "this is a text";
        Console.WriteLine("s 字符串的长度为{0}", s.Length.ToString());
        Console.WriteLine("s 字符串是否包含 is{0}", (s.Contains("is")).ToString());
        Console.WriteLine("S 字符串大写形式为:{0}", s.ToUpper());
        Console.WriteLine("S 字符串和 this is a text 是否相等:{0}", s.Equals("this is a text ").ToString());
        Console.WriteLine("S 字符串和 this is a text 比较大小为: {0}", s.CompareTo("this is a text ").ToString());
        Console.WriteLine("字符串 is 在 s 字符串中的位置为{0}", s.IndexOf("is").ToString());
        Console.ReadKey();
    }
}
```

程序运行结果如图 8-12 所示。

图 8-12　程序运行结果

三、DateTime 结构体

C#中提供了一个表示时间的 DateTime 结构体用来对日期进行处理，在操作 DateTime 结构体之前，同样需要首先使用构造函数进行初始化。DateTime 常用的两种构造方法：

（1）DateTime(int year,int month,int day)：将 DateTime 结构的新实例初始化为指定的年、月和日。

（2）DateTime(int year,int month,int day，int hour,int minute,int second)：将 DateTime 结构的新实例初始化为指定的年、月、日、时、分和秒。

DateTime 结构体的常用属性如表 8-7 所示。

表 8-7　DateTime 结构体的常用属性

名　　称	功　能　描　述
Date	当前实例的日期部分
Day	当前实例所表示的日期为该月中的第几天
Hour	当前实例所表示日期的小时部分
Minute	当前实例所表示日期的分钟部分
Month	当前实例所表示日期的月份部分
Today	当前日期
Year	当前实例所表示日期的年份部分
Now	当前日期

DateTime 结构体的常用方法如表 8-8 所示。

表 8-8　DateTime 结构体的常用方法

名　　称	功　能　描　述
Add()	将指定时间间隔添加到实例的值上
Equals()	指示实例是否与指定的 DateTime 实例相等
oShortTimeString()	将 DateTime 对象转换为短时间字符串表示
Compare()	对两个 DateTime 的实例进行比较

【例 8-7】DateTime 结构体的使用。

```
class Program
{
    static void Main(string[] args)
    {
        DateTime dt1 = new DateTime(2016, 8, 15, 16, 5, 20);
        bool b = dt1.Equals(DateTime.Now);
        Console.WriteLine("判断dt1是否与系统时间相等: " + b);
        int result = DateTime.Compare(dt1, DateTime.Now);
        if (result > 0)
        {
            Console.WriteLine("dt1晚于系统时间");
        }
        else
        {
            if (result == 0)
```

```
            {
                Console.WriteLine("dt1等于系统时间");
            }
            else
            {
                Console.WriteLine("dt1早于系统时间");
            }
        }
        Console.ReadKey();
    }
}
```

程序运行结果如图8-13所示。

图8-13　程序运行结果

四、Convert 类

Convert 类用于各种数据类型的转换，主要方法如表8-9所示。

表8-9　Convert 类方法

类　　别	属 性 名 称	描　　述
方法	ToBoolean()	转换为布尔类型
	ToChar()	转换为字符型
	ToDataTime()	转换为日期类型
	ToDouble()	转换为双精度浮点型
	ToInt16()	转换为16位整型
	ToInt32()	转换为32位整型
	ToInt64()	转换为64位整型
	ToSingle()	转换为单精度浮点数
	ToString()	转换为字符串

任务实施

Step1：打开 VS 2013 软件，创建 Windows 窗体应用程序，在窗体上放置相应控件并进行控件属性设置，效果如图8-14所示（注意这里添加了时钟控件 Timer1）。

Step2：在窗体加载事件中，启动时钟，添加代码如下。

```
private void Form1_Load(object sender, EventArgs e)
{
    timer1.Start();
}
```

图8-14　控件设置

Step3：TextBox1 中输入内容（包括数据和操作，例如 32+5）显示代码实现，在 0~9、小数点和加减乘除这些 Button 控件的 Click 事件中添加下面两行代码。

```
Button btn = (Button)sender;
textBox1.Text += btn.Text + " ";
```

Step4：编写 timer1 控件的 Tick 事件，实现时间自动刷新。

```
private void timer1_Tick(object sender, EventArgs e)
{
    label1.Text = DateTime.Now.ToLocalTime().ToString();
}
```

Step5：加减乘除操作的代码实现，对输入的内容进行分解，根据操作法的不同进行不同的运算。具体实现代码如下：

```
private void button17_Click(object sender, EventArgs e)
{
    try
    {
        double result;
        string stxt = textBox1.Text.Trim();
        int space = stxt.IndexOf(' ');
        string s1 = stxt.Substring(0, space);
        char operation = Convert.ToChar(stxt.Substring((space + 1), 1));
        string s2 = stxt.Substring(space + 3);
        double arg1 = Convert.ToDouble(s1);
        double arg2 = Convert.ToDouble(s2);
        switch (operation)
        {
            case '+':
                result = arg1 + arg2;
                break;
            case '-':
                result = arg1 - arg2;
                break;
            case '*':
                result = arg1 * arg2;
                break;
            case '/':
                if (arg2 == 0)
                {
                    //MessageBox.Show("错误");
                    throw new ApplicationException();
                }
                else
                {
                    result = arg1 / arg2;
                }
                break;
            default:
                throw new ApplicationException();
```

```
            textBox1.Text = result.ToString();
        }
        catch(Exception)
        {
            MessageBox.Show("输入错误");
        }
}
```

Step6:清除键的功能实现,清空文本框中输入的内容。

```
private void button18_Click(object sender, EventArgs e)
{
    textBox1.Text = "";
}
```

Step7:在文本框中输入如图 8-15 所示信息,单击"="按钮,运行结果如图 8-16 所示。

图 8-15　输入信息

图 8-16　数据计算结果

任务拓展

编写一个日期转换程序,如 2016.10.01 转换成二零一六年十月一日。

Step1:定义获取 0~10 对应的大写字符,编写方法 GetChinese(string str),具体代码如下。

```
public static string GetChinese(string str)
{
    int intVal = Convert.ToInt32(str);
    switch (intVal)
    {
        case 0:
            return "零";
        case 1:
            return "一";
        case 2:
            return "二";
        case 3:
            return "三";
        case 4:
            return "四";
```

```
            case 5:
                return "五";
            case 6:
                return "六";
            case 7:
                return "七";
            case 8:
                return "八";
            case 9:
                return "九";
            default:
                if (intVal==10)
                {
                    return "十";
                }
                else
                {
                    return  GetChinese(str[0].ToString())  +  " 十 "  +
GetChinese(str[1].ToString());
                }
     }
}
```

Step2：定义转换后得到的大写字符串 GetCombine(string date)方法，具体代码如下。

```
public static string GetCombine(string date)
{
    string temp = "";
    //处理2位数
    if (date.Length <= 2)
    {
        return GetChinese(date);
    }
    //处理4位数
    for (int i = 0; i < date.Length; i++)
    {
        temp +=GetChinese(date[i].ToString());
    }
    return temp;
}
```

Step3：定义 Main()方法，将键盘接收的日期进行格式转换，具体代码如下。

```
static void Main(string[] args)
{
    string date = String.Empty;
    Console.Write("请输入日期(格式:2016.10.01):");
    date = Console.ReadLine();
    Console.Write("转换后为:");
    DateTime d = Convert.ToDateTime(date);
    //转换
    string year = GetCombine(d.Year.ToString());
    string month = GetCombine(d.Month.ToString());
    string day =  GetCombine(d.Day.ToString());
    Console.WriteLine("{0}年{1}月{2}日", year,month,day);
    Console.ReadKey();
}
```

Step4:程序运行结果如图 8-17 所示。

图 8-17　程序运行结果

任务三　绘制线条

任务描述

绘制不同样式线条。

任务分析

在 Windows 窗体上添加一个 Button 按钮,单击该按钮会在窗体上绘制 3 种不同的线条。通过设置 Pen 类、Color 类和 Graphics 等类的属性并调用相应方法实现。

基础知识

图形图像处理用到的主要命名空间是 System.Drawing,其提供了对基本图形功能的访问,其中使用 GDI+处理二维(2D)的图形和图像,使用 DirectX 处理三维(3D)的图形图像。主要有 Graphics 类、Bitmap 类、Font 类、Icon 类、Image 类、Pen 类、Color 类等。

一、Color 类

Color 类提供了对颜色的设置功能,由透明度(A)和三基色(R,G,B)所组成,常见的属性和方法如表 8-10 所示。

表 8-10　Color 类的主要属性和方法

类　别	名　称	描　述
属性	A	获取此颜色的 alpha 分量值
	B	获取此颜色的蓝色分量值
	G	获取此颜色的绿色分量值
	R	获取此颜色的红色分量值
	Name	获取此颜色的名称
方法	FromArgb()	用 4 个 8 位分量 ARGB 来定义颜色
	FromKnownColor()	用指定的预定义颜色创建来定义颜色
	FromName()	用预定义颜色的指定名称来定义颜色

【例 8-8】Color 类的使用。

首先需要引入 System.Drawing.Imaging 命名空间。

```
Color c=new Color();
C=Color.Green;
MessageBox.Show(c.ToKnownColor().ToString());
C=Color.FromArgb(100,255,0,0);
MessageBox.Show(c.R);
```

二、Bitmap 类

Bitmap 类提供了对位图的处理的功能，主要属性和方法如表 8-11 所示。

表 8-11 Bitmap 类的主要属性和方法

类别	名称	描述
属性	Height	获取此 Image 的高度
	HorizontalResolution	获取此 Image 的水平分辨率
	PhysicalDimension	获取此图像的宽度和高度
	PixelFormat	获取此 Image 的像素格式
	Size	获取此图像的以像素为单位的宽度和高度
	VerticalResoluTion	获取此 Image 的垂直分别率
方法	Save()	将此图像已制定的格式保存到指定的流中
	FromFile()	从指定的文件创建 Image
	Dispose()	释放由 Image 使用的所有资源

【例 8-9】Bitmap 类的使用。

首先需要引入 System.Drawing.Imaging 命名空间。

```
Bitmap s=new Bitmap(150,200);
MessageBox.Show(s.PixelFormat.ToString());
MessageBox.Show(s.Size.ToString());
MessageBox.Show(s.HorizontalResolution);
s.Save("f:\\ch.jpeg",ImageFormat.Jpeg);
```

三、Pen 类

Pen 类用来定义画笔，主要属性和方法如表 8-12 所示。

表 8-12 Pen 类的主要属性和方法

类别	名称	描述
属性	Color	获取或设置此 Pen 的颜色
	DashStyle	虚线样式（ustom,Dash,DashDot,DashDotDot,Dot,Solid）
	PenType	获取用此 Pen 绘制的直线样式
	PenTyPe	获取或设置此 Pen 的宽度
方法	Width()	释放该 Pen 对象使用的所有资源

【例 8-10】Pen 类的使用。

首先需要引入 System.Drawing.Imaging 命名空间。

```
Pen pe=new Pen(Color.Green);
Pe.Width=15;
Pe.Color=Color.FromArgb(100,185,0,0);
Pe. DashStyle=System.Drawing.Drawing2D.DashStyle.DashDotDot;
```

四、Point 类

Point 类描述了平面上一个点的状况。表 8-13 列出了 Point 类的主要属性和方法。

表 8-13 Point 类的主要方法和属性

类别	名称	描述
属性	X	获取或设置此 Point 的 X 坐标
	Y	获取或设置此 Point 的 Y 坐标
方法	op_Equality()	比较两个 Point 对象，返回两个对象值是否相等

【例 8-11】Point 类的使用。

首先需要引入 System.Drawing.Imaging 命名空间。

```
Point p1=new Point();
Point p2=new Point();
P1.X=100
P1.Y=50;
P2.X=100;
P2.Y=0;
```

五、Graphics 类

Graphics 类提供了丰富的绘图功能，Graphics 类提供的常用方法和属性如表 8-14 所示。

表 8-14 Graphics 类的主要属性和方法

类别	名称	描述
属性	DpiX	获取 Graphics 的水平分辨率
	DpiY	获取 Graphics 的垂直分辨率
	CompositingQuality	图像质量等级(AssumeLinear,Default,GammaCorrected,HigthSpeed,Invalid)
方法	Clear()	清除整个绘图区并以指定背景颜色填充
	Dispose()	释放由 Graphics 对象使用的所有资源
	DrowArc()	绘制一段弧线
	DrowBezier()	绘制由 4 个 Point 结构定义的贝塞尔样条
	DrowEllipse()	绘制一个由边框定义的椭圆
	DrowLine()	绘制一条连接由坐标对指定的两个点的线条
	DrowPie()	绘制一个扇形
	DrowPolygon()	绘制由一组 Point 结构定义的多边形
	DrowRectangle()	绘制由坐标对、宽度，高度指定的矩形
	DrowString()	绘制指定的文本字符串

续表

类别	名称	描述
方法	FillClosedCurve()	填充由 Point 结构数组定义的闭合基数样条曲线的内部
	FillEllipse()	填充边框所定义的椭圆的内部
	FillPie()	填充椭圆定义的扇形区内部
	FillPolygon()	填充由 Point 结构指定的点数组所定义的多边形的内部
	FillRectangle()	填充由一对坐标、一个宽度和一个高度指定的矩形内部
	FillRectangles()	填充由 Rectangle 结构指定的一系列矩形的内部
	FillRegion()	填充 Region 的内部
	FromImage()	从指定的 Image 创建新的 Graphics

【例 8-12】Graphics 类的使用。

首先需要引入 System.Drawing.Imaging 和 System.Drawing.Drawing2D 命名空间。

```
Bitmap s=new Bitmap(100,100);
Graphics g=Graphics.FromImage(s);
g.Clear(Color.Blue);
```

任务实施

Step1：打开 VS 2013 软件，创建 Windows 窗体应用程序，在窗体上放置 Button 控件并进行控件属性设置，效果如图 8-18 所示。

Step2：单击 Button1 按钮实现绘制不同样式线条。具体实现代码如下：

图 8-18　控件设置

```
private void button17_Click(object sender, EventArgs e)
{
    Pen  p = new  Pen(Color.Blue, 5);        //设置笔的粗细为,颜色为蓝色
    Graphics  g = this.CreateGraphics();
    //画虚线
    p.DashStyle = DashStyle.Dot;              //定义虚线的样式为点
    g.DrawLine(p, 10, 10, 200, 10);
    //自定义虚线
    p.DashPattern = new  float[] { 2, 1 };//设置短画线和空白部分的数组
    g.DrawLine(p, 10, 20, 200, 20);
    //画箭头,只对不封闭曲线有用
    p.DashStyle = DashStyle.Solid;            //恢复实线
    p.EndCap = LineCap.ArrowAnchor;           //定义线尾的样式为箭头
    g.DrawLine(p, 10, 30, 200, 30);
    g.Dispose();
    p.Dispose();
}
```

Step3：程序运行结果如图 8-19 所示。

图 8-19 运行结果图

任务拓展

绘制五角星

Step1：定义绘制五角星 DrawFiveStar（ ）方法，具体代码如下。

```
    private static GraphicsPath DrawFiveStar(Graphics g, Point center, int radius)
    {
        PointF[] pentagons = new PointF[] { new PointF(center.X, center.Y - radius), new PointF((float)(center.X + radius * Math.Sin(72 * Math.PI / 180)), (float)(center.Y - radius * Math.Cos(72 * Math.PI / 180))), new PointF((float)(center.X + radius * Math.Sin(36 * Math.PI / 180)), (float)(center.Y + radius * Math.Cos(36* Math.PI / 180))), new PointF((float)(center.X - radius * Math.Sin(36 * Math.PI / 180)), (float)( center.Y + radius * Math.Cos(36 * Math.PI / 180))), new PointF((float)(center.X - radius * Math.Sin(72 * Math.PI / 180)), (float)(center.Y - radius * Math.Cos(72 * Math.PI / 180))),};
        GraphicsPath path = new GraphicsPath(FillMode.Winding);
        path.AddLine(pentagons[0], pentagons[2]);
        path.AddLine(pentagons[2], pentagons[4]);
        path.AddLine(pentagons[4], pentagons[1]);
        path.AddLine(pentagons[1], pentagons[3]);
        path.AddLine(pentagons[3], pentagons[0]);
        path.CloseFigure();
        g.DrawPath(Pens.Black, path);
        g.FillPath(Brushes.Yellow, path); return path;
    }
```

Step2：定义绘制红色矩形和五角星的 GetRedFlag()方法，具体代码如下。

```
    public Image GetRedFlag()
    {
        Bitmap bmp = new Bitmap(300, 200);
        Graphics g = Graphics.FromImage(bmp);
        //绘制红色背景
        g.FillRectangle(new SolidBrush(Color.Red), 0, 0, bmp.Width, bmp.Height);
        //画大五星
        Point flagBig = new Point(50, 50);
        int radius = 30;
```

```
        GraphicsPath gpath = DrawFiveStar(g, flagBig, radius);
        return bmp;
}
```

Step3：在窗体加载事件中调用绘制图形的方法，具体代码如下。

```
private void Form1_Load(object sender, EventArgs e)
{
    pic_show.Image = GetRedFlag();
}
```

Step4：程序运行结果如图 8-20 所示。

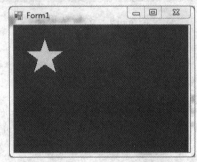

图 8-20 程序运行结果图

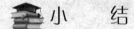

小　结

本单元通过 3 个任务讲解了 C#常用类的属性和方法。熟练掌握该部分内容可以方便高效地完成各种程序设计工作，是需要重点掌握的内容之一。

习　题

一、选择题

1. 字符串连接运算符包括&和（　　）。
　　A. +　　　　　　B. -　　　　　　C. *　　　　　　D. /

2. C#语言中的类 Console 包含两个输入方法：Write()和 WriteLine()，它们之间的区别是（　　）。
　　A. WriteLine()方法输出后换行，Write ()方法输出后不换行
　　B. WriteLine()方法可以格式化输出，Write()方法不可以
　　C. Write ()方法输出后换行，WriteLine()方法输出后不换行
　　D. Write()方法可以格式化输出，WriteLine()方法不可以

3. 在 C#中，表示一个字符串变量的定义语句是（　　）。
　　A. CString str　　B. string str　　C. Dim str as string　　D. char * str

4. 在.NET 中，（　　）类提供了操作字符串的方法。
　　A. System.Threading　　　　　　B. System.Collections

C. System.IO　　　　　　　　D. System.String
5. 在C#中（　　）类提供了对基本图形功能的访问
　　A. System.Drawing　　　　　B. System.Collections
　　C. System.IO　　　　　　　　D. System.String

二、填空题

1. 在 Queue 类中，移除并返回队列前端对象的方法是_____。
2. 在 C#中_____是控制台类，利用它可以方便进行控制台的输入/输出。
3. String 类的_____方法实现的功能是比较两个字符串的值。
4. SubString()函数的功能是_____。
5. _____类提供了大量和字符串操作相关的属性和方法

三、综合题

1. 什么是队列，什么是栈，有何区别？
2. 简述 String 类的常用属性和方法。

四、上机编程

1. 编写一个程序，实现字符串大小写的转换并倒序输出。
2. 编程实现 Stack 集合中字符串的翻转。

单元九

异常处理

引言

一个代码编写阶段没有语法错误,但在执行过程中却有可能出现异常,比如磁盘空间不足和网络故障等。C#提供了强大的异常处理机制。本单元通过一个任务讲解异常处理方法,通过本单元的学习,读者将熟悉常见的异常处理方式及自定义异常类。

要点

- 掌握常见的异常处理方式。
- 掌握异常的抛出。

任务 判断输入的年龄信息是否超出范围

任务描述

输入年龄,范围不对则抛出异常,并用对话框提示出错信息。

任务分析

在年龄文本框中输入整型数据,如果输入的年龄范围不在 5~15 之间,则用对话框提示输入范围不对。

基础知识

一、异常处理的概念

在编写程序时,不仅要关心程序的正常操作,还应该考虑到程序运行时可能发生的各类不可预期的事件,比如用户输入错误、内存不够、磁盘出错、网络资源不可用、数据库无法使用等,所有这些错误被称作异常。不能因为这些异常使程序运行产生问题,各种程序设计语言经常采用异常处理语句来解决这类异常问题。

当出现某个异常时,与错误相关的信息都会封装到一个异常对象中,异常对象一般使用内置的即可,特殊场合也可以用户自己定义。System.Exception 是 C#中异常类的基类,其派生出大量的子类用于描述各种异常情况,其子类又派生出大量的子类,该类主要属性如表 9-1 所示。

表 9-1 Exception 类的属性

属性	说明
HelpLink	链接到一个帮助文件上,以提供该异常的更多信息
Message	描述错误情况的文本
Source	导致异常的应用程序或对象名
StackTrace	堆栈上方法调用的信息,有助于跟踪引发异常的方法
TargetSite	引发异常的方法的.NET 反射对象
InnerException	当前异常的实例

二、异常处理的几种形式

在代码中对异常进行处理,一般要使用以下 3 个代码块:

(1) try 块的代码是程序中可能出现错误的操作部分。

(2) catch 块的代码是用来处理各种错误的部分。必须正确排列捕获异常的 catch 子句,范围小的 Exception 放在前面的 catch 子句中。

(3) finally 块的代码用来清理资源或执行要在 try 块末尾执行的其他操作(可以省略),且无论是否产生异常,finally 块都会执行。

典型异常处理的几种形式:

形式一:

```
try
{
    //code for normal execution
}
catch(Exception e)
{
    //error handling
}
```

形式二:

```
try
{
    //code for normal execution
}
catch(ExceptionTpye1 e)
{
    //error handling
}
catch(ExceptionTpye2 e)
{
    //error handling
}
```

形式三:

```
try
{
    //code for normal execution
```

```
}
finally
{
    //clean up
}
```

形式四：

```
try
{
    //code for normal execution
}
catch (Exception e)
{
    //error handling
}
finally
{
    //clean up
}
```

异常语句捕获和处理异常的机理如下：

（1）程序流进入 try 块。

（2）如果没有错误发生，就会正常执行操作。当程序流离开 try 块后，即使什么也没有发生，也会自动进入 finally 块。但如果在 try 块中程序流检测到一个错误，程序流就会跳转到 catch 块。

（3）在 catch 块中处理错误。

（4）在 catch 块执行完后，程序流会自动进入 finally 块。

（5）执行 finally 块。

三、异常的处理

【例 9-1】使用 try 和 catch 捕获异常。

```
int[] number = new int[4] { 1, 2, 3, 4 };
try
{
    number[5] = 5;
}
catch (IndexOutOfRangeException e)
{
    Console.WriteLine("出现了 IndexOutOfRangeException 异常，请查看代码");
}
Console.WriteLine(number[2]);
Console.ReadKey();
```

如图 9-1 所示，程序成功地捕获了 IndexOutOfRangeException 异常。如果将上述代码中的 catch（IndexOutOfRangeException e）代替为 catch（Exception e），同样可以处理该异常。但这种编程方式是不合适的，因为当程序结果庞大起来后，代码块中产生的异常可能不止一种，而使用异常的基类 Exception 则将所有的异常都按一种方式处理。显然，这是一种不准确的处理方式。

图 9-1　try…catch 捕获异常运行图

【例 9-2】异常类型变量的使用

从例 9-1 中可以看到，在 catch 关键字的后面声明了一个 IndexOutOfRangeException 异常类型的变量 e，可以通过输出 e 的属性获得相关信息。其代码如下：

```
int[] number = new int[4] { 1, 2, 3, 4 };
try
{
    number[5] = 5;
}
catch (IndexOutOfRangeException e)
{
    Console.WriteLine("出现了IndexOutOfRangeException异常，请查看代码");
    Console.WriteLine(e.Data.ToString());
    Console.WriteLine(e.HelpLink);
    Console.WriteLine(e.Message);
    Console.WriteLine(e.Source);
    Console.WriteLine(e.StackTrace);
    Console.WriteLine(e.TargetSite.ToString());
}
Console.ReadKey();
```

代码中输出了变量 e 的所有属性，其中某些属性可能为空。程序运行结果如图 9-2 所示，可以看到，变量 e 的属性值为开发人员提供了部分有价值的信息。

图 9-2　异常变量的属性的输出

四、finally 块

finally 代码块用于清除 try 代码块中分派的任何资源，以及运行任何即使在发生异常时也必须执行的代码。catch 用于处理语句块中出现的异常，而 finally 用于保证代码语句块的执行。程序控制总是传递给 finally，而与 try 块的推出方式无关。也就是说，finally 代码块总是会被执行。finally 关键字既可以与 try 关键字单独使用，也可以与 try…catch 语句共同使用。

【例 9-3】finally 的使用，将例 9-2 中的代码添加 finally 语句块，加以修改如下。

```csharp
int[] number = new int[4] { 1, 2, 3, 4 };
try
{
    number[5] = 5;
}
catch (IndexOutOfRangeException e)
{
    Console.WriteLine("出现了 IndexOutOfRangeException 异常，请查看代码");
    Console.WriteLine(e.Data.ToString());
    Console.WriteLine(e.HelpLink);
    Console.WriteLine(e.Message);
    Console.WriteLine(e.Source);
    Console.WriteLine(e.StackTrace);
    Console.WriteLine(e.TargetSite.ToString());
}
finally
{
    Console.WriteLine("程序运行结束");
    Console.ReadKey();
}
```

程序运行结果如图 9-3 所示。

图 9-3　程序运行结果

五、throw 语句

使用 try…catch 语句捕获程序抛出的预定义异常，这样异常通常只在代码出现错误的时候产生。其实，还可以在代码中编写抛出异常的语句，方法是使用关键字 throw。

throw 语句用于主动引发一个异常，使用 throw 语句可以在特定的情形下，自行抛出一个异常，由 try…catch 语句捕获处理。

throw 语句的语法格式如下：

```
throw 表达式;
```

其中，表达式是所要抛出的异常对象，该对象属于 System.Exception 或其派生类。

throw 后面的表达式也可以省略，此时 throw 语句只能在 catch 块中使用，并且重新抛出当前正由该 catch 块处理的那个异常。抛出异常会使程序在抛出点停止执行，并且在捕获异常的 catch 块中执行相应的异常处理过程。

设计良好的异常处理机制可以使程序更可靠、健壮。在某些情况下，异常处理也可以由if语句来实现，使用if语句来处理异常，还是使用try…catch机制来处理异常，需要根据实际情况来决定，通常使用try…catch机制要比使用if语句花费更多的系统资源，执行速度也会较慢。

【例9-4】throw抛出异常的使用。

```
static void Main(string[] args)
{
    string userInput;
    while(true)
    {
    try
    {
        Console.WriteLine("输入0～5之间数据: ");
        userInput =Console.ReadLine ();
        if (userInput =="")
        {
           break;
        }
        int index=Convert.ToInt32(userInput);
        if(index<0||index >5)
        {
            throw new IndexOutOfRangeException("输入数据"+userInput+"超出范围");
        }
         Console .WriteLine("输入数据: "+index );
    }
    catch (IndexOutOfRangeException e)
    {
        Console.WriteLine("抛出异常: "+e.Message);
    }
    catch(Exception ex)
    {
        Console.WriteLine("抛出异常: "+ex.Message );
    }
    finally
    {
        Console.WriteLine("程序运行结束");
        Console.ReadKey();
    }
    }
}
```

从图9-4所示的运行结果可以看到，程序中可以根据不同情况抛出不同异常，并设定相应的catch捕获异常。因此，在使用throw关键字时要注意准确性，合理地抛出异常，否则会导致异常捕获出现偏差，不利于程序的调试。

图9-4　程序运行结果

任务实施

Step1：打开 VS 2013 软件，新建 Windows 窗体程序，添加相应的控件并进行属性设置，效果如图 9-5 所示。

Step2：添加"确定"的单击事件，具体代码如下。

```csharp
private void button1_Click(object sender, EventArgs e)
{
    int inputValue = 0;
    try
    {
        inputValue = Convert.ToInt32(textBox1.Text.Trim());
        if (inputValue < 0 || inputValue > 5)
        {
            throw new Exception("输入数据超出范围");
        }
    }
    catch (Exception ex)
    {
        MessageBox.Show(ex.Message );
    }
}
```

图 9-5 设置控件

Step3：在文本框中输入数据为 6 时，消息框提示"输入数据超出范围"，如图 9-6（a）和图 9-6（b）所示；输出 5 时满足条件不提示信息，运行结果如图 9-6（c）所示。

运行结果（一）

运行结果（二）

运行结果（三）

图 9-6 程序运行结果

任务拓展

根据年龄范围输入数据

在年龄文本框中输入整型数据，要求输入的年龄范围不在 5~15 之间，当输入的字符或数据超出范围时会提示相应出错信息。

打开 VS 2013 软件，新建 Windows 窗体程序，添加相应的控件并进行属性设置，效果如图 9-7 所示。

添加"确定"按钮的单击事件，具体代码如下：

图 9-7 设置控件

```csharp
private void button1_Click(object sender, EventArgs e)
{
```

```
string  inputValue=textBox1.Text.Trim();
try
{
    if (inputValue == "")
    throw new Exception("输入的值不能为空");
    int inputValue1 = Convert.ToInt32(textBox1.Text.Trim());
    if (inputValue1<0|| inputValue1>5)
    {
        throw new IndexOutOfRangeException("输入数据超出范围");
    }
}
catch (IndexOutOfRangeException ex)
{
    MessageBox.Show(ex.Message);
}
catch (Exception ex)
{
    MessageBox.Show(ex.Message);
}
catch
{
    MessageBox.Show("其他异常");
}
```

在文本框中输入空格,单击"确定"按钮,消息框提示"输入的值不能为空",如图9-8(a)和图9-8(b)所示;输入数据为6时,消息框提示"输入数据超出范围",如图9-8(c)和图9-8(d)所示;输入数据为aaa时,消息框提示"输入字符串的格式不正确",如图9-8(e)和图9-8(f)所示;输入3时满足条件不提示信息,运行结果如图9-8(g)所示。

(a)运行结果(一)

(b)运行结果(二)

(c)运行结果(三)

(d)运行结果(四)

图9-8　程序运行结果

（e）运行结果（五）

（f）运行结果（六）

（g）运行结果（七）

图9-8　程序运行结果（续）

小　　结

本单元通过一个任务讲解异常处理的常用方法。该部分内容在面向对象程序设计中可以加强程序健壮性，是需要掌握的内容之一。

习　　题

一、选择题

1. 在C#中，下列用来处理异常的结构，错误的是（　　　）。
　　A．catch{ } finally{ }　　　　　　B．try{ } finally
　　C．try{ } catch{ } finally{ }　　D．try{ } catch{ }

2. 阅读以下的C#代码：

```
public class TEApp
{
    public static void ThrowException()
    {
        throw new Exception();
    }
```

```
public static void Main()
{
    try
    {
        Console.WriteLine("try");
        ThrowException();
    }
    catch(Exception e)
    {
        Console.WriteLine("catch");
    }
    Finally
    {
        Console.WriteLine("finally");
    }
}
```

代码运行结果是（　　）。

  A．try　catch　finally　　　　B．try

  C．try　catch　　　　　　　　D．try　finally

3．程序运行过程中发生的错误，叫作（　　）。

  A．版本　　　　B．断点　　　　C．异常　　　　D．属性

4．在异常处理中，如释放资源、关闭文件、关闭数据库等由（　　）来完成。

  A．try 子句　　B．catch 子句　　C．finally 子句　　D．throw 子句

5．（　　）关键字可以抛出异常。

  A．transient　　B．finally　　C．throw　　D．static

二、填空题

1．在 C#中，Exception 类中_____属性用于获取描述当前异常的消息。

2．在 try...catch...finally 结构中，_____块封装了可能引发异常的代码。

3．在 try...catch...finally 结构中，_____块将一定被执行。

4．在 C#中，异常对象是从_____类派生而来的。

5．在异常处理结构中，对异常处理的代码应放在_____块中。

三、综合题

1．为什么一些能够在编译程序过程中轻易发现并改正的问题还要用异常处理？

2．简述 C#中的异常处理机制。

四、上机编程

在以控制台形式下输入 5 名学生的姓名、出生年月，然后计算每个人的年龄并把年龄排序（升序），最后计算出平均年龄并显示排序后的年龄及平均年龄。要求具有异常处理的能力。

单元十

窗体和控件

引言

在可视化程序开发过程中,开发具有用户界面的可视化应用程序,为用户提供可交互的用户界面,更好地满足了交互性的要求。窗体是可视化程序设计的基础界面,是基于.NET框架的用于Windows应用程序开发的新平台。此框架提供一个面向对象的、可以扩展的类集,得以开发丰富的Windows应用程序。本单元通过3个任务讲解了WinForm程序中窗体的属性与常用事件,以及常用控件的属性、事件和方法。

要点

- 掌握窗体的相关属性设置及事件响应操作。
- 掌握常用控件的相关属性设置及事件响应操作。

任务一 显示窗体的尺寸与位置

任务描述

在窗体上显示出当前窗体的尺寸与位置属性信息。

任务分析

编写Form1窗体的SizeChanged事件,Form1标题实时显示当前窗体的尺寸大小;编写Form1窗体的LocationChanged事件,Form1标题实时显示当前窗体的位置信息。

基础知识

一、窗体

窗体(Form)类是Windows窗体的抽象,在Visual Studio中创建的每一个窗体都是Form类的派生类。窗体本身也是控件,但它可以作为其他控件的容器,也可以说成窗体实质上只是一个类似于对话框的简单框架窗口,内含一块空白面板。

Windows应用程序的开发通常都是先创建一个主窗体,然后在其上添加控件设置属性。设计和实现Windows应用程序的具体步骤如下:

(1)创建窗体:即创建一个界面作为载体用来设计显示页面。

（2）添加控件：根据应用程序需要，添加各种控件（包括按钮、文本框、菜单等）。

（3）属性设置：通过属性设置描述各个控件的外部特征；指定各个控件在窗体中的布局（Layout），使其合理地排列在窗体上。

（4）响应事件：定义图形界面的事件处理代码，不同的控件、窗体存在不同的事件，设置各个控件的不同事件的处理过程，实现对指定控件事件的响应，如单击按钮会触发什么样的事件。

二、窗体的常用属性和事件

Form 类提供了一系列属性来设置窗体的可视化特征，常用属性和事件如表 10-1 所示。

表 10-1 Form 控件的属性和事件

类型	名称	说明
属性	Font	窗体所使用的字体
	Size	窗体尺寸正常显示
	MaximumSize	窗体尺寸最大化
	MinimumSize	窗体尺寸最小化
	ForeColor	窗体的前景色
	BackColor	窗体的背景色
事件	Load	第一次显示窗体时触发
	Click	单击窗体时
	DoubleClick	双击窗体时
	FormClose	窗体关闭时
	Activated	窗体被激活时
	Resize	窗体的大小发生改变时

三、WinForm 项目的文件结构

在学习窗体设计之前，需要了解 WinForm 项目的文件结构，WinForm 项目的文件结构如图 10-1 所示，包括 5 部分，分别是 Properties、引用、App.config、Form1.cs 和 Program.cs。其中，Properties 用来设置项目的属性；引用用来设置对其他项目命名空间的引用；App.config 用来设置数据库的配置信息；Form1.cs 文件用来设置窗体界面及编写逻辑代码；Program.cs 文件用来设置项目运行时的主窗体。

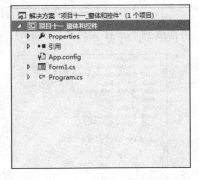

图 10-1 WinForm 项目的文件结构

四、Form1.cs 文件

Form1.cs 包含了窗体部分类 Form1 的一部分定义，用于程序员编写事件处理代码，是程序员工作的主要对象。Form1.cs 文件主要由 Form1.cs[设计]界面与 Form1.cs 逻辑代码两部分构成，还包含了 Form1.Designer.cs 和 Form1.resx 文件。

1. Form1.cs[设计]界面

Form1.cs[设计]界面位于 Form1.cs 文件下，双击解决方案窗口中的 Form1.cs 文件，切换到 Form1.cs[设计]界面，如图 10-2 所示。

Form1 是 Form1.cs[设计]界面中系统初始化的窗体。默认情况下，该窗体上没有任何控件，用户可以通过拖动工具箱中的控件对窗体界面进行设计。选择"视图"下的"工具箱"命令，将显示出工具箱窗口，此时，可以选择相应控件拖放到 Form1 窗体中。图 10-3 所示为将 button 按钮拖放到窗体中。

图 10-2　Form1.cs[设计]界面　　　　　图 10-3　在窗体上添加控件

2. Form1.cs 逻辑代码

WinForm 窗体程序除了向用户展示友好的界面外，还可以与用户界面进行交互，而实现交互功能的逻辑代码也放在 Form1.cs 文件中。在 Form1 窗体空白处右击会弹出快捷菜单，从中"查看代码"命令，就会进入 Form1.cs 逻辑代码，如图 10-4 所示。此时右击，在弹出的快捷菜单中选择"查看设计器"命令，就可以切换到 Form1.cs[设计]界面。这种设计界面和逻辑代码分开的设计模式，使得文件结构清晰，易于维护。

3. Form1.Designer.cs 文件

Form1.Designer.cs 文件用于在窗体类中自动生成控件的初始化代码，例如将 Button 按钮拖放到 Form1 窗体上，Form1.Designer.cs 文件会自动生成，如图 10-5 所示的代码。

图 10-4　Form1.cs 逻辑代码　　　　　图 10-5　Form1.Designer.cs 文件

4. Form1.resx 文件

Form1.resx 文件用于资源导入，窗体在加载或运行时，可以通过 Form1.resx 把资源导入到项目中，无须引用外部文件。

五、Program.cs 文件

可执行程序都有自己的主入口，例如控制台程序中 Main()方法是程序的入口。默认情况下，Program.cs 文件是 WinForm 程序的主入口，Program.cs 文件如图 10-6 所示。

```
using System;
using System.Collections.Generic;
using System.Linq;
using System.Threading.Tasks;
using System.Windows.Forms;

namespace 项目十一_窗体和控件
{
    0 个引用
    static class Program
    {
        /// <summary>
        /// 应用程序的主入口点。
        /// </summary>
        [STAThread]
        0 个引用
        static void Main()
        {
            Application.EnableVisualStyles();
            Application.SetCompatibleTextRenderingDefault(false);
            Application.Run(new Form1());
        }
    }
}
```

图 10-6 Program.cs 文件

其中，Application.Run()方法中的参数就是窗体对象。如果要执行某个窗口，就需要将该窗体对象传入。

任务实施

Step1：打开 VS 2013 软件，选择"文件"→"新建"→"项目"命令，打开"新建项目"对话框，在 Visual C#的 Windows 项目类型中选择"Windows 窗体应用程序"模板，项目名称命名为 stu，单击"位置"文本框后面的"浏览"按钮，选择项目所要存放的位置，如图 10-7 所示。

图 10-7 "新建项目"对话框

Step2：单击"确定"按钮后，会出现如图10-8所示的界面，出现一个默认名为Form1的空白窗体。

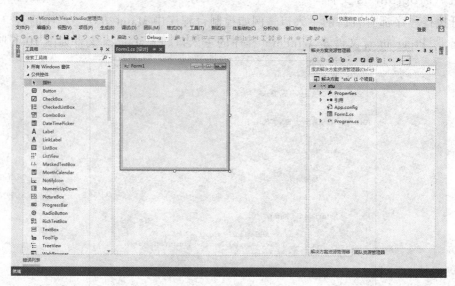

图 10-8　创建空白窗体

Step3：添加 Form1 窗体的 LocationChanged 事件，代码如下。

this.Text="窗体的位置为"+this.Location.ToString();

Step4：添加 Form1 窗体的 SizeChanged 事件，代码如下。

this.Text="窗体的尺寸为"+this.Size.ToString();

Step5：程序运行程序结果如图10-9和图10-10所示。

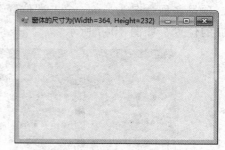

图 10-9　程序运行结果（一）　　　　图 10-10　程序运行结果（二）

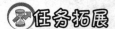

设置窗体的图像背景

通过设置窗体的 BackgroundImage 属性，可以设置窗体的背景图片。

Step1：打开 VS 2013 软件，选择"文件"→"新建"→"项目"命令，打开"新建项目"对话框，在 Visual C#的 Windows 项目类型中选择"Windows 窗体应用程序"模板，对项目名称命名，单击"位置"文本框后面的"浏览"按钮，选择项目所要存放的位置，单击"确定"按钮后出现一个默认名为 Form1 的空白窗体。选中窗体 Form1 的属性面板中的 BackgroundImage 属性，如图 10-11 所示。

Step2：单击后面的"…"按钮，打开"选择资源"对话框，如图 10-12 所示。

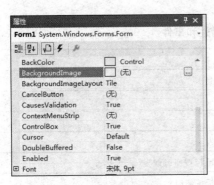

图 10-11 属性面板

图 10-12 "选择资源"对话框

Step3：选择本地资源，单击"导入"按钮，出现"打开"对话框，打开相应的背景图片，如图 10-13 所示。

Step4：单击"确定"按钮，并运行程序，运行结果如图 10-14 所示。

图 10-13 导入背景图片

图 10-14 程序运行结果

任务二 设置字体格式

任务描述

设置字体颜色和样式，使文本中内容显示相应效果。

任务分析

字体在不同时刻能呈现出不同的颜色，使用单选按钮可以进行设置，但是字体的样式可以同时呈现出粗体、斜体及下画线等不同的效果，这时就需要借助于复选按钮来实现。本任务主要讲解 Windows 基本控件的使用。

基础知识

一、Button 控件

Button 控件又称按钮控件，是 Windows 应用程序中最常用的控件之一，通常用它来执行命令，其常用属性和事件如表 10-2 所示。

表 10-2 Button 控件的属性和事件

类型	名称	说明
属性	Text	按钮显示的文本信息
	Image	按钮上的图像
	FlatStyle	按钮的外观
事件	Click	单击按钮控件时触发
	MouseDown	在按钮控件上按下鼠标按钮时触发
	MouseUp	按钮控件上释放鼠标按钮时触发

二、Label 控件

Label 控件又称标签控件，常用其 Text 属性设置或返回标签控件中显示的文本信息。该控件主要用于显示静态文本，不可编辑文本，也不能获得焦点，实际应用中很少进行事件处理。Label 控件还可以显示图像，图像内容由 Image 属性指定。

三、TextBox 控件

TextBox 控件又称文本输入控件，常用来输入文本信息，其常用属性、方法和事件如表 10-3 所示。

表 10-3 TextBox 控件的属性、方法和事件

类型	名称	说明
属性	Text	文本信息
	MaxLength	输入字符的最大长度
	MultiLine	多行显示
	ReadOnly	只读
	PasswordChar	密码显示字符
	ScrollBars	滚动条模式（None、Horizontal、Vertical、Both）
方法	AppendText()	字符串添加
	Clear()	清除所有文本
	Focus()	设置焦点
	Select()	设置选定文本
事件	GotFocus	文本框接收焦点时发生
	LostFocus	文本框失去焦点时发生
	TextChanged	Text 属性值更改时发生

四、RadioButton 控件

RadioButton 又称单选按钮，通常成组出现，用于提供两个或多个互斥选项，即在一组单选按钮中只能选择一个，其常用属性和事件如表 10-4 所示。

表 10-4　RadioButton 控件的常用属性和事件

类型	名称	说明
属性	Checked	是否被选中
	AutoCheck	自动选中
	Text	显示文本
事件	Click	单击单选按钮时触发
	CheckedChanged	当 Checked 属性值更改时触发

五、CheckBox 控件

CheckBox 控件又称复选框，主要用于指示是否选中了某个指定条件。复选框控件中包含一个小方框和一行文本说明，小方框中打对勾时表示选中，否则表示未选中。通过单击复选框可以改变其选中状态。复选框可以单独使用，也可以成组使用，其常用属性和事件如表 10-5 所示。

表 10-5　CheckBox 控件的属性和事件

类型	名称	说明
属性	TextAlign	对齐方式
	ThreeState	3 种状态
	Checked	是否被选中
	CheckState	选中状态
事件	Click	单选按钮时触发
	CheckedChanged	Checked 属性值更改时触发

六、GroupBox 控件

使用 GroupBox 控件可以对其他控件进行分组，使窗体的布局变得整齐美观。尤其当窗体中的所有 RadioButton 控件只能被选中一个，当用户需要完成不同问题的选择时，就需要使用 GroupBox 控件。

任务实施

Step1：打开 VS 2013 软件，选择"文件"→"新建"→"项目"→"Visual C#"→"Windows 窗体应用程序"命令，Visual Studio 除了自动打开一个默认的名为 Form1 的空白窗体（Form1.cs[设计]）外，还会打开对应的"工具箱"窗格供程序员进行窗体设计，如图 10-15 所示。

Step2：从工具箱中找到相应控件添加入窗体，其中添加一个 Label 控件 Label1、一个 TextBox 控件 textBox1 两个 GroupBox 控件 groupBox1 和 groupBox2，其中 groupBox1 中放置控件 radioButton1 和 radioButton2、groupBox2 控件中放置 checkBox1 和 checkBox2

控件，如图 10-16 所示。

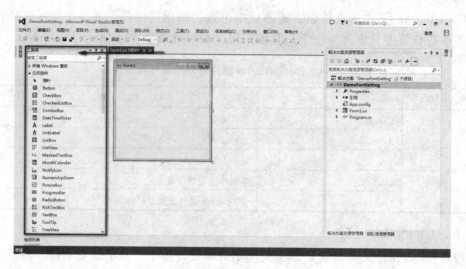

图 10-15 新建窗体应用程序

Step3：更改所有控件的 text 属性，效果如图 10-17 所示。

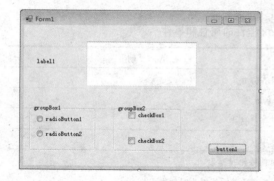

图 10-16 控件设置　　　　　　　　　图 10-17 属性设置

Step4：编写 Button1 的 Click 事件，代码如下。

```
private void button1_Click(object sender, EventArgs e)
{
    if (radioButton1.Checked)
    {
        textBox1.ForeColor = Color.Red;          //红色
    }
    else
    {
        textBox1.ForeColor = Color.Yellow;       //黄色
    }
    if (checkBox1.Checked)
    {
        textBox1.Font = new System.Drawing.Font(textBox1.Font.FontFamily,
textBox1.Font.Size, FontStyle.Bold);
    }
```

```
            if (checkBox2.Checked)
            {
                textBox1.Font = new System.Drawing.Font(textBox1.Font.FontFamily, textBox1.Font.Size, FontStyle.Italic);
            }
        }
```

Step5：运行程序，在文本框中输入内容后，选中红色和粗体，单击"确定"按钮，结果如图10-18所示。也可以同时选中粗体和斜体，运行结果如图10-19所示。

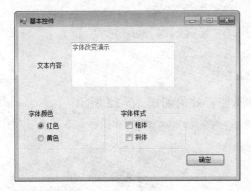

图 10-18　程序运行结果（一）　　　　　图 10-19　程序运行结果（二）

任务拓展

通过文本输入按钮、单选按钮和复选框等基本控件，实现学生信息的简单录入。

Step1：打开 VS 2013 软件，选择"文件"→"新建"→"项目"→"Visual C#"→"Windows 窗体应用程序"命令，打开"新建项目"对话框，名称设为"个人信息的输入"，如图10-20所示。

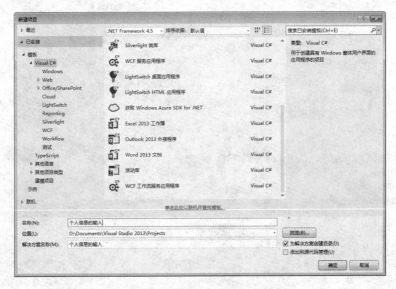

图 10-20　"新建项目"对话框

Step2：从工具箱中找到 Label、TextBox、RadioButton、Button 和 CheckBox 控件，

添加到窗体,其中TextBox可点击右上角三角图标勾选MultiLine拖动尺寸至合适大小,如图10-21所示。

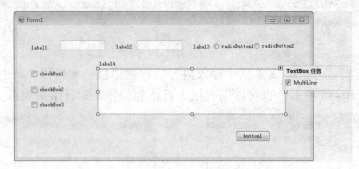

图 10-21　设置控件

Step3：对放置好的控件更改对应的text属性，效果如图10-22所示。

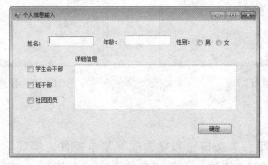

图 10-22　设置属性

Step4：添加"确定"按钮Button1的Click事件，添加如下代码。

```
private void button1_Click(object sender, EventArgs e)
{
    string name = textBox1.Text.Trim();
    string age = textBox2.Text.Trim();
    if (name == string.Empty)
    {
        MessageBox.Show("姓名不能为空");
        return;
    }
    if (age == string.Empty)
    {
        MessageBox.Show("年龄不能为空");
        return;
    }
    string gender = string.Empty;
    if (radioButton1.Checked)
    {
        gender = radioButton1.Text;
    }
    if (radioButton2.Checked)
    {
        gender = radioButton2.Text;
    }
    string post = string.Empty;
```

```
    if (checkBox1.Checked)
    {
        post += checkBox1.Text + ",";
    }
    if (checkBox2.Checked)
    {
        post += checkBox2.Text + ",";
    }
    if (checkBox3.Checked)
    {
        post += checkBox3.Text + ",";
    }
    textBox3.Text = "姓名: " + name + "\r\n" + "年龄: " + age + "\r\n"
+ "性别: " + gender + "\r\n" + "职务: " + post;
    }
```

Step5：输入并选择相应信息，单击"确定"按钮，效果如图 10-23 所示。

图 10-23　程序运行结果

任务三　输入个人信息

任务描述

通过输入或选择信息，实现个人信息的输入。

任务分析

在个人信息的完善过程中，有些信息需要手动输入，例如姓名，而有些信息可以通过选择实现录入，如性别和政治面貌等。本任务讲解了借助于列表框及组合框实现个人信息的快速输入。

基础知识

一、RichTextBox 控件

RichTextBox 控件是一种既可以输入文本、又可以编辑文本的文字处理控件，与 TextBox 控件相比，RichTextBox 控件的文字处理功能更加丰富，不仅可以设定文字的颜色、字体，还具有字符串检索功能。另外，RichTextBox 控件还可以打开、编辑和存储.rtf 格式文件、ASCII 文本格式文件及 Unicode 编码格式的文件。

RichTextBox 控件基本上具有 TextBox 控件所有的属性，除此之外，还具有一些其他属性。RichTextBox 控件的属性和方法如表 10-6 所示。

表 10-6 RichTextBox 控件的属性和方法

类型	名称	说明
属性	RightMargin	右侧空白的大小
	Rtf	控件中的文本（RTF 格式代码）
	SelectedRtf	RTF 格式的格式文本
	SelectionColor	当前选定文本或插入点处的文本颜色
	SelectionFont	当前选定文本或插入点处的字体
方法	Redo()	重做上次被撤销的操作
	Find()	查找指定的字符串
	SaveFile()	信息保存到指定的文件中
	LoadFile()	加载文件

二、ListBox 控件

ListBox 控件又称列表框，它显示一个项目列表供用户选择。在列表框中，用户一次可以选择一项，也可以选择多项，其常用属性和方法如表 10-7 所示。

表 10-7 ListBox 控件的常用属性和方法

类型	名称	说明
属性	Items	右侧空白的大小
	MultiColumn	控件中的文本（RTF 格式代码）
	ColumnWidth	RTF 格式的格式文本
	SelectedIndex	当前选定文本或插入点处的文本颜色
	SelectedIndices	所有选定项的从零开始的索引
	SelectedItem	当前选定项
	SelectedItems	选定项的集合
	Sorted	列表项是否按字母顺序排序
	Text	前选定项的文本
	ItemsCount	列表项的数目
方法	FindString()	查找列表项中以指定字符串开始的第一个项
	SetSelected()	选中某一项或取消对某一项的选择
	Add()	增添一个列表项
	Insert()	指定位置插入一个列表项
	Remove()	删除一个列表项
	Clear()	清除列表框中的所有项

三、ComboBox 控件

ComboBox 控件又称下拉列表框，默认情况下，分两部分显示，顶部是一个允许输入文本的文本框，下面的列表框则显示列表项。可以认为 ComboBox 就是文本框与列表框的组合，与 ListBox 列表框的功能基本一致，不同之处在于不能多选，其常用属性和方法如表 10-8 所示。

表 10-8 ComboxBox 连接的常用属性和方法

类　型	名　　称	说　　明
属性	Items	选项列表
	SelectedIndex	当前选中项的索引
方法	AddRange()	添加选项

任务实施

Step1：打开 VS 2013 软件，选择"文件"→"新建"→"项目"→"Visual C#"→"Windows 窗体应用程序"，打开"新建项目"对话框，名称设为"个人信息的输入"，如图 10-24 所示。

图 10-24 "新建项目"对话框

Step2：从工具箱中找到 Label、TextBox、RichTextBox、ComboBox、ListBox 和 Button 控件，添加到窗体，如图 10-25 所示。

Step3：放置好控件后更改对应的 text 属性，效果如图 10-26 所示。

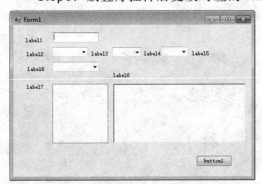

图 10-25 设置控件

图 10-26 设置属性

Step4：文化程度下拉列表选择 Items 属性添加数据，步骤截图如图 10-27 所示。
Step5：政治面貌列表框选择 Items 属性添加数据，步骤截图如图 10-28 所示。

图 10-27　Items 属性添加数据（一）

图 10-28　Items 属性添加数据（二）

Step6：对年下拉列表框 ComboBox1 进行选项的添加，需要在窗体加载事件中添加如下代码。

```
private void Form1_Load(object sender, EventArgs e)
{
    for (int i = 1970; i < 2020; i++)//添加年份，可以根据自己的需要修改 i 的值
        comboBox1.Items.Add(i);
}
```

Step7：在月下拉列表框 ComboBox2 添加 Item 选项内容，因为当所选择的年值发生改变时需要重新选择月份，所以在年下拉列表框 comboBox1 的 SelectedIndexChanged 事件中添加代码如下。

```
private void comboBox1_SelectedIndexChanged(object sender, EventArgs e)
{
    comboBox2.Text = "";
    comboBox3.Text = "";
    for (int i = 1; i <= 12; i++)        // 添加月份
        comboBox2.Items.Add(i);
}
```

Step8：在日下拉列表框 ComboBox3 添加 Item 选项内容，因为当所选择的月值发生改变时需要重新选择日期，所以在月下拉列表框 comboBox2 的 SelectedIndexChanged 事件中添加如下代码实现，同时需要注意是否闰年所以需要定义一个 com 方法，代码如下。

```
public int com()                          // 判断是平年还是闰年
{
    int b;    //定义一个标志位，判断是平年还是闰年，b 为 0 平年，b 为 1 闰年
    string str = comboBox1.Text;
    int year = int.Parse(str);
    if ((year % 4 == 0 && year % 100 != 0) || (year % 400 == 0))
    {
        b = 1;
    }
```

```
        else
            b = 0;
        return b;
}
private void comboBox2_SelectedIndexChanged(object sender, EventArgs e)
{
    if (com() == 1)
    {
        int b1 = comboBox2.SelectedIndex;
        comboBox3.Items.Clear();
        switch (b1)
        {
            case 0:    // 1
                for (int i = 1; i <= 31; i++)
                    comboBox3.Items.Add(i);
                comboBox3.Refresh();
                break;
            case 1:    //2
                for (int i = 1; i <= 29; i++)
                    comboBox3.Items.Add(i);
                comboBox3.Refresh();
                break;
            case 2:    //3
                for (int i = 1; i <= 31; i++)
                    comboBox3.Items.Add(i);
                comboBox3.Refresh();
                break;
            case 3:    //4
                for (int i = 1; i <= 30; i++)
                    comboBox3.Items.Add(i);
                comboBox3.Refresh();
                break;
            case 4:    //5
                for (int i = 1; i <= 31; i++)
                    comboBox3.Items.Add(i); comboBox3.Refresh();
                break;
            case 5:    //6
                for (int i = 1; i <= 30; i++)
                    comboBox3.Items.Add(i); comboBox3.Refresh();
                break;
            case 6:    //7
                for (int i = 1; i <= 31; i++)
                    comboBox3.Items.Add(i); comboBox3.Refresh();
                break;
            case 7:    //8
                for (int i = 1; i <= 31; i++)
                    comboBox3.Items.Add(i); comboBox3.Refresh();
                break;
            case 8:    //9
                for (int i = 1; i <= 30; i++)
```

```csharp
                    comboBox3.Items.Add(i); comboBox3.Refresh();
                break;
            case 9:    //10
                for (int i = 1; i <= 31; i++)
                    comboBox3.Items.Add(i); comboBox3.Refresh();
                break;
            case 10:   //11
                for (int i = 1; i <= 30; i++)
                    comboBox3.Items.Add(i); comboBox3.Refresh();
                break;
            case 11:   //12
                for (int i = 1; i <= 31; i++)
                    comboBox3.Items.Add(i); comboBox3.Refresh();
                 break;
        }
    }
    if (com() == 0)
    {
        int b1 = comboBox2.SelectedIndex;
        comboBox3.Items.Clear();
        switch (b1)
        {
            case 0:    // 1
                for (int i = 1; i <= 31; i++)
                    comboBox3.Items.Add(i);
                comboBox3.Refresh();
                break;
            case 1:    //2
                for (int i = 1; i <= 28; i++)
                    comboBox3.Items.Add(i);
                comboBox3.Refresh();
                break;
            case 2:    //3
                for (int i = 1; i <= 31; i++)
                   comboBox3.Items.Add(i);
                comboBox3.Refresh();
                break;
            case 3:    //4
                for (int i = 1; i <= 30; i++)
                    comboBox3.Items.Add(i);
                comboBox3.Refresh();
                break;
            case 4:    //5
                for (int i = 1; i <= 31; i++)
                    comboBox3.Items.Add(i); comboBox3.Refresh();
                break;
            case 5:    //6
                for (int i = 1; i <= 30; i++)
                    comboBox3.Items.Add(i); comboBox3.Refresh();
                break;
```

```
            case 6:    //7
                for (int i = 1; i <= 31; i++)
                    comboBox3.Items.Add(i); comboBox3.Refresh();
                break;
            case 7:    //8
                for (int i = 1; i <= 31; i++)
                    comboBox3.Items.Add(i); comboBox3.Refresh();
                break;
            case 8:    //9
                for (int i = 1; i <= 30; i++)
                    comboBox3.Items.Add(i); comboBox3.Refresh();
                break;
            case 9:    //10
                for (int i = 1; i <= 31; i++)
                    comboBox3.Items.Add(i); comboBox3.Refresh();
                break;
            case 10:    //11
                for (int i = 1; i <= 30; i++)
                    comboBox3.Items.Add(i); comboBox3.Refresh();
                break;
            case 11:    //12
                for (int i = 1; i <= 31; i++)
                    comboBox3.Items.Add(i); comboBox3.Refresh();
                break;
        }
    }
}
```

Step9：输入和选中相应的信息后，单击"提交"按钮后，将在 RichTextBox1 中显示所有信息，当信息输入或选中不全时，会提示相应信息进行重新操作。在"提交"按钮 Button1 的 Click 事件中添加如下代码。

```
private void button1_Click(object sender, EventArgs e)
{
    string name = textBox1.Text.Trim();
    if (name==string.Empty)
    {
        MessageBox.Show("请输入姓名");
        textBox1.Focus();
        return;
    }
    if (comboBox1.Text==""||comboBox2.Text==""||comboBox3.Text=="")
    {
        MessageBox.Show("请选择日期");
        return;
    }
    if (comboBox4.Text=="")
    {
        MessageBox.Show("请选择文化程度");
        return;
    }
```

```
            if (listBox1.Text=="")
            {
                MessageBox.Show("请选择政治面貌");
                return;
            }
            richTextBox1.Text = "姓名: " + name + "\r\n"+ "出生日期: " +
comboBox1.Text + "年" + comboBox2.Text + "月" + comboBox3.Text + "日" + "\r\n"
+ "文化程度: " + comboBox4.Text + "\r\n" + "政治面貌: " + " " +
listBox1.SelectedItem.ToString();
        }
```

Step10：输入并选择相应信息，单击"提交"按钮。程序运行结果如图10-29所示。

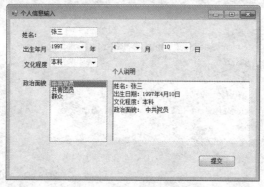

图 10-29　程序运行结果

任务拓展

显示学生选课信息

通过文本输入控件、文字处理控件、列表框和下拉列表框等控件，显示学生选课信息。

Step1：打开 VS 2013 软件，新建窗体应用程序，名称"个人信息的输入"，如图 10-30 所示。

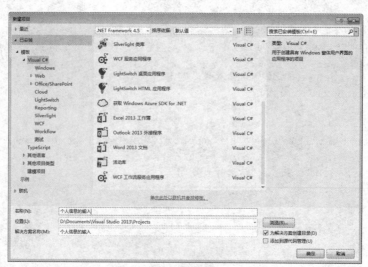

图 10-30　新建窗体应用程序

Step2：从工具箱中找到 Label、TextBox、RichTextBox、ComboBox、ListBox 和 Button 控件，添加到窗体，如图 10-31 所示。

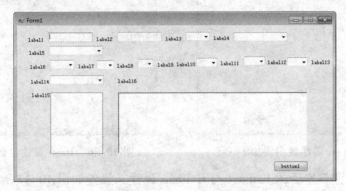

图 10-31　设置控件

Step3：放置好控件后更改对应的 text 属性，如图 10-32 所示。

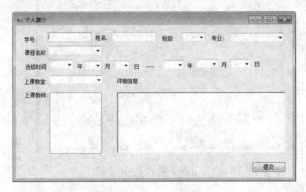

图 10-32　设置属性

Step4："班级"后面的 comboBox1 打开 Items 属性，设置如图 10-33 所示。
Step5："专业"后面的 comboBox2 打开 Items 属性，设置如图 10-34 所示。

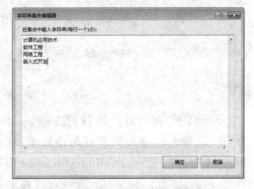

图 10-33　Items 属性数据添加（一）　　　　图 10-34　Items 属性数据添加（二）

Step6："课程名称"后的 combobox3 打开 Items 属性，设置如图 10-35 所示。
Step7："上课教室"后的 combobox10 打开 Items 属性，设置如图 10-36 所示。

图 10-35　Items 属性数据添加（三）　　　　图 10-36　Items 属性数据添加（四）

Step8：上课教室后的 listbox1 打开 Items 属性，设置如图 10-37 所示。

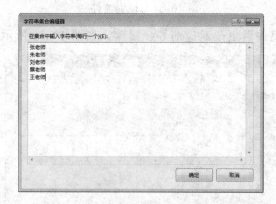

图 10-37　Items 属性数据添加（五）

Step9：对年下拉列表框 comboBox4 和 comboBox7 进行选项的添加，需要在窗体加载事件中添加如下代码。

```
private void Form1_Load(object sender, EventArgs e)
{
    for (int i = 1970; i < 2020; i++)// 添加年份，可以根据自己的需要修改 i 的值
    {
        comboBox4.Items.Add(i);
        comboBox7.Items.Add(i);
    }
}
```

Step10：在"月"下拉列表框 comboBox5 和 comboBox8 添加 Item 选项内容，因为当所选择的年值发生改变时需要重新选择月份，所以在"年"下拉列表框 comboBox4 和 comboBox7 的 SelectedIndexChanged 事件中添加代码如下。

```
private void comboBox4_SelectedIndexChanged(object sender, EventArgs e)
{
    comboBox5.Text = "";
    comboBox6.Text = "";
    for (int i = 1; i <= 12; i++)          // 添加月份
        comboBox5.Items.Add(i);
```

```
}
private void comboBox7_SelectedIndexChanged(object sender, EventArgs e)
{
    comboBox9.Text = "";
    comboBox10.Text = "";
    for (int i = 1; i <= 12; i++)      // 添加月份
        comboBox9.Items.Add(i);
}
```

Step11：在"日"下拉列表框 ComboBox6 和 comboBox9 添加 Item 选项内容，因为当所选择的"月"值发生改变时需要重新选择日期，所以在"月"下拉列表框 comboBox5 和 comboBox8 的 SelectedIndexChanged 事件中添加如下代码实现，同时需要注意是否闰年，所以需要定义一个 com()方法，代码如下。

```
public int com(ComboBox cb)      // 判断是平年还是闰年
{
    int b;       //定义一个标志位，判断是平年还是闰年，b = 0 平年，b = 1 闰年
    string str = cb.Text;
    int year = int.Parse(str);
    if ((year % 4 == 0 && year % 100 != 0) || (year % 400 == 0))
    {
        b = 1;
    }
    else
        b = 0;
    return b;
}
private void comboBox5_SelectedIndexChanged(object sender, EventArgs e)
{
    if (com(comboBox4) == 1)
    {
        int b1 = comboBox5.SelectedIndex;
        comboBox6.Items.Clear();
        switch (b1)
        {
            case 0:    // 1
                for (int i = 1; i <= 31; i++)
                    comboBox6.Items.Add(i);
                comboBox6.Refresh();
                break;
            case 1:    //2
                for (int i = 1; i <= 29; i++)
                    comboBox6.Items.Add(i);
                comboBox6.Refresh();
                break;
            case 2:    //3
                for (int i = 1; i <= 31; i++)
                    comboBox6.Items.Add(i);
                comboBox6.Refresh();
                break;
```

```csharp
        case 3:    //4
            for (int i = 1; i <= 30; i++)
                comboBox6.Items.Add(i);
            comboBox6.Refresh();
            break;
        case 4:    //5
            for (int i = 1; i <= 31; i++)
                comboBox6.Items.Add(i); comboBox6.Refresh();
            break;
        case 5:    //6
            for (int i = 1; i <= 30; i++)
                comboBox6.Items.Add(i); comboBox6.Refresh();
            break;
        case 6:    //7
            for (int i = 1; i <= 31; i++)
                comboBox6.Items.Add(i); comboBox6.Refresh();
            break;
        case 7:    //8
            for (int i = 1; i <= 31; i++)
                comboBox6.Items.Add(i); comboBox6.Refresh();
            break;
        case 8:    //9
            for (int i = 1; i <= 30; i++)
                comboBox6.Items.Add(i); comboBox6.Refresh();
            break;
        case 9:    //10
            for (int i = 1; i <= 31; i++)
                comboBox6.Items.Add(i); comboBox6.Refresh();
            break;
        case 10:   //11
            for (int i = 1; i <= 30; i++)
                comboBox6.Items.Add(i); comboBox6.Refresh();
            break;
        case 11:   //12
            for (int i = 1; i <= 31; i++)
                comboBox6.Items.Add(i); comboBox6.Refresh();
            break;
    }
}
if (com(comboBox4) == 0)
{
    int b1 = comboBox5.SelectedIndex;
    comboBox6.Items.Clear();
    switch (b1)
    {
        case 0:    // 1
            for (int i = 1; i <= 31; i++)
                comboBox6.Items.Add(i);
            comboBox6.Refresh();
            break;
        case 1:    //2
            for (int i = 1; i <= 28; i++)
                comboBox6.Items.Add(i);
```

```
                    comboBox6.Refresh();
                    break;
                case 2:    //3
                    for (int i = 1; i <= 31; i++)
                        comboBox6.Items.Add(i);
                    comboBox6.Refresh();
                    break;
                case 3:    //4
                    for (int i = 1; i <= 30; i++)
                        comboBox6.Items.Add(i);
                    comboBox6.Refresh();
                    break;
                case 4:    //5
                    for (int i = 1; i <= 31; i++)
                        comboBox6.Items.Add(i); comboBox6.Refresh();
                    break;
                case 5:    //6
                    for (int i = 1; i <= 30; i++)
                        comboBox6.Items.Add(i); comboBox6.Refresh();
                    break;
                case 6:    //7
                    for (int i = 1; i <= 31; i++)
                        comboBox6.Items.Add(i); comboBox6.Refresh();
                    break;
                case 7:    //8
                    for (int i = 1; i <= 31; i++)
                        comboBox6.Items.Add(i); comboBox6.Refresh();
                    break;
                case 8:    //9
                    for (int i = 1; i <= 30; i++)
                        comboBox6.Items.Add(i); comboBox6.Refresh();
                    break;
                case 9:    //10
                    for (int i = 1; i <= 31; i++)
                        comboBox6.Items.Add(i); comboBox6.Refresh();
                    break;
                case 10:    //11
                    for (int i = 1; i <= 30; i++)
                        comboBox6.Items.Add(i); comboBox6.Refresh();
                    break;
                case 11:    //12
                    for (int i = 1; i <= 31; i++)
                        comboBox6.Items.Add(i); comboBox6.Refresh();
                    break;
            }
        }
    }
    private void comboBox8_SelectedIndexChanged(object sender, EventArgs e)
    {
        if (com(comboBox7) == 1)
        {
            int b1 = comboBox8.SelectedIndex;
```

```csharp
            comboBox9.Items.Clear();
            switch (b1)
            {
                case 0:    // 1
                    for (int i = 1; i <= 31; i++)
                        comboBox9.Items.Add(i);
                    comboBox9.Refresh();
                    break;
                case 1:    //2
                    for (int i = 1; i <= 29; i++)
                        comboBox9.Items.Add(i);
                    comboBox9.Refresh();
                    break;
                case 2:    //3
                    for (int i = 1; i <= 31; i++)
                        comboBox9.Items.Add(i);
                    comboBox9.Refresh();
                    break;
                case 3:    //4
                    for (int i = 1; i <= 30; i++)
                        comboBox9.Items.Add(i);
                    comboBox9.Refresh();
                    break;
                case 4:    //5
                    for (int i = 1; i <= 31; i++)
                        comboBox9.Items.Add(i); comboBox9.Refresh();
                    break;
                case 5:    //6
                    for (int i = 1; i <= 30; i++)
                        comboBox9.Items.Add(i); comboBox9.Refresh();
                    break;
                case 6:    //7
                    for (int i = 1; i <= 31; i++)
                        comboBox9.Items.Add(i); comboBox9.Refresh();
                    break;
                case 7:    //8
                    for (int i = 1; i <= 31; i++)
                        comboBox9.Items.Add(i); comboBox9.Refresh();
                    break;
                case 8:    //9
                    for (int i = 1; i <= 30; i++)
                        comboBox9.Items.Add(i); comboBox9.Refresh();
                    break;
                case 9:    //10
                    for (int i = 1; i <= 31; i++)
                        comboBox9.Items.Add(i); comboBox9.Refresh();
                    break;
                case 10:    //11
                    for (int i = 1; i <= 30; i++)
                        comboBox9.Items.Add(i); comboBox9.Refresh();
                    break;
                case 11:    //12
```

```csharp
                for (int i = 1; i <= 31; i++)
                    comboBox9.Items.Add(i); comboBox9.Refresh();
                break;
        }
    }
    if (com(comboBox7) == 0)
    {
        int b1 = comboBox8.SelectedIndex;
        comboBox9.Items.Clear();
        switch (b1)
        {
            case 0:    // 1
                for (int i = 1; i <= 31; i++)
                    comboBox9.Items.Add(i);
                comboBox9.Refresh();
                break;
            case 1:    //2
                for (int i = 1; i <= 28; i++)
                    comboBox9.Items.Add(i);
                comboBox9.Refresh();
                break;
            case 2:    //3
                for (int i = 1; i <= 31; i++)
                    comboBox9.Items.Add(i);
                comboBox9.Refresh();
                break;
            case 3:    //4
                for (int i = 1; i <= 30; i++)
                    comboBox9.Items.Add(i);
                comboBox9.Refresh();
                break;
            case 4:    //5
                for (int i = 1; i <= 31; i++)
                    comboBox9.Items.Add(i); comboBox9.Refresh();
                break;
            case 5:    //6
                for (int i = 1; i <= 30; i++)
                    comboBox9.Items.Add(i); comboBox9.Refresh();
                break;
            case 6:    //7
                for (int i = 1; i <= 31; i++)
                    comboBox9.Items.Add(i); comboBox9.Refresh();
                break;
            case 7:    //8
                for (int i = 1; i <= 31; i++)
                    comboBox9.Items.Add(i); comboBox9.Refresh();
                break;
            case 8:    //9
                for (int i = 1; i <= 30; i++)
                    comboBox9.Items.Add(i); comboBox9.Refresh();
                break;
            case 9:    //10
```

```csharp
                    for (int i = 1; i <= 31; i++)
                        comboBox9.Items.Add(i); comboBox9.Refresh();
                    break;
                case 10:    //11
                    for (int i = 1; i <= 30; i++)
                        comboBox9.Items.Add(i); comboBox9.Refresh();
                    break;
                case 11:    //12
                    for (int i = 1; i <= 31; i++)
                        comboBox9.Items.Add(i); comboBox9.Refresh();
                    break;
            }
        }
}
```

Step12：按钮提交的 Click 单击事件的代码如下。

```csharp
private void button1_Click(object sender, EventArgs e)
{
    string no = textBox1.Text.Trim();
    string name = textBox2.Text.Trim();
    string cls = comboBox1.Text;
    string major = comboBox2.Text;
    string course = comboBox3.Text;
    if (no == "")
    {
        MessageBox.Show("学号不能为空");
        textBox1.Focus();
        return;
    }
    if (name == "")
    {
        MessageBox.Show("姓名不能为空");
        textBox2.Focus();
        return;
    }
    if (cls == "")
    {
        MessageBox.Show("请选择班级");
        return;
    }
    if (major == "")
    {
        MessageBox.Show("请选择专业");
        return;
    }
    if (course == "")
    {
        MessageBox.Show("请选择课程");
        return;
    }
```

```
        if (comboBox4.Text == "" || comboBox5.Text == "" || comboBox6.Text
== "" || comboBox7.Text == "" || comboBox8.Text == "" || comboBox9.Text
== "")
        {
            MessageBox.Show("请选择日期");
            return;
        }
        string room = comboBox10.Text;
        if (room == "")
        {
            MessageBox.Show("请选择上课教室");
            return;
        }
        if (listBox1.SelectedItems.Count <= 0)
        {
            MessageBox.Show("请选择上课教师");
            return;
        }
        richTextBox1.Text = "学号:" + no + "\r\n" + "姓名:" + name + "\r\n"
+ "专业:" + major + "\r\n" + "班级:" + cls + "\r\n" + "课程名称:" + course
+ "\r\n" + "选修时间:" + comboBox4.Text + "年" + comboBox5.Text + "月" +
comboBox6.Text + "日 --- " + comboBox7.Text + "年" + comboBox8.Text + "
月" + comboBox9.Text + "日 --- " + "\r\n" + "上课教室:" + comboBox10.Text +
"\r\n" + "上课教师:" + listBox1.SelectedItem;
    }
```

Step13：输入信息，单击"提交"按钮，把信息输出在 RichTextBox 控件上，效果如图 10-38 所示。

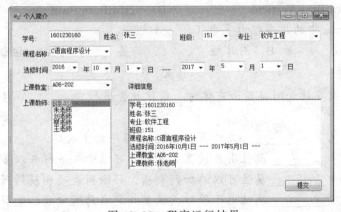

图 10-38　程序运行结果

小　结

本单元通过 3 个任务讲解了 Form 窗体及常用控件的属性、方法和事件。该部分内容是程序可视化设计中的基本操作，也是需要掌握的基础内容之一。

习 题

一、选择题

1. 在.NET窗口中,通过(　　)窗口可以查看当前项目的类和类型的层次信息。
   A. 解决方案资源管理器　　　　B. 类视图
   C. 资源视图　　　　　　　　　D. 属性

2. 已知在某 WinForms 应用程序中,主窗口类为 Form1,程序入口为静态方法 Form1.Main,则在 Main()方法中打开主窗口的正确代码是(　　)。
   A. Application.Run(new Form1())
   B. Application.Open(new Form1())
   C. (new Form1()).Run
   D. (new Form1()).Open

3. 下列关于 Form 的常用属性,错误的是(　　)。
   A. Name 属性用来获取或设置窗体的名称
   B. WindowState 属性用来获取或设置窗体的窗口状态
   C. Width 属性用来获取或设置窗体的宽度
   D. Text 属性用来设置或返回在窗口中显示的文字

4. ScrollBars 属性,用来设置滚动条模式,以下(　　)属性表示水平和垂直滚动条。
   A. ScrollBars.None　　　　　　B. ScrollBars.Horizontal
   C. ScrollBars.Vertical　　　　　D. ScrollBars.Both

5. WinForms 中的状态栏由多个(　　)组成。
   A. 面板　　　B. 图片框　　　C. 标签　　　D. 按钮

二、填空题

1. 当第一次直接或间接显示窗体时,窗体就会进行_____事件的加载且只进行一次。
2. 默认情况下,_____文件是 WinForm 程序的主入口。
3. 文本框中_____属性用来设置文本是否可以输入多行并以多行显示。
4. 列表框中_____属性可以添加列表项、移除列表项和获得列表项的数目。
5. 列表框中_____属性用于获取或设置指定当前选中项的索引。

三、综合题

1. 常用的控件中哪些可以显示文本,各有什么特点。
2. 简述 GroupBox 控件如何使用。
3. 简述 WinForm 项目的文件结构。

四、上机编程

1. 使用窗体和常用控件实现学生信息的注册(要求尽量通过选择实现信息的完善)。
2. 使用列表框实现字符串添加下划线、删除线、变粗体、变斜体效果。

单元十一

界面设计

引言

界面设计在应用程序开发中不可或缺，直接决定了程序的易用性与可操作性，本单元通过3个任务学习用户界面的设计，要求掌握界面设计中常用控件及内置对话框的使用方法。通过本单元的学习，读者将熟悉常见的界面设计思想和方法。

要点

- 掌握多重窗体的设计。
- 掌握文件打开对话框、保存对话框、字体对话框及颜色对话框的使用。
- 掌握菜单、工具栏和状态栏的设计。

任务一 设计登录界面

任务描述

设计一个登录界面，当登录成功后会跳入到另一个主界面。

任务分析

用户名和密码分别设置为 admin 和 123456，当输入的用户名和密码正确时单击"确定"按钮后进入主界面，并关闭登录界面。

基础知识

一、多文档的界面

在 C#中，窗体主要分为两种类型：

（1）单文档窗体：仅支持一次打开一个窗口或文档，如果想要打开另一个文档，必须先关闭已经打开的文档。

（2）多文档窗体：包含一个父窗体及一个或多个子窗体，在父窗体中允许同时打开多个子窗体。

二、多重窗体的操作

对于复杂的应用程序，往往需要多重窗体来实现，即一个应用程序中有多个并列的普通窗体，每个窗体有自己的界面和代码，完成不同的功能。

1. 添加窗体

选择"项目"→"添加 Windows 窗体"命令，添加窗体。

2. 设置启动窗体

第一个创建的窗体默认为启动窗体，可以通过修改 Program.cs 文件重新设置启动窗体。

3. 显示窗体

Show()方法可以把窗体加载到内存并显示。例如：

```
Form2 f2=new Form2();
f2.Show();
```

4. 隐藏窗体

Hide()方法隐藏窗体，但不关闭，窗体仍在内存中。例如：

```
this.Hide();
```

5. 关闭窗体

Close()方法关闭指定的窗体，并释放窗体所占的内存资源。

6. 退出应用程序

应用程序从 Application.Run()开始，到 Application.Exit()结束。

7. 模态窗体与非模态窗体

模态窗体是指该窗体关闭前，不允许用户与程序中的其他窗体进行交互；而非模态窗体允许用户在不关闭该窗体的前提下，就可以切换到程序中的其他窗体或对话框。

Show()方法是将窗体显示为非模态，而 ShowDialog()方法则是将该窗体显示为模态窗体。例如：

```
Form2 f2=new Form2();
f2.ShowDialog();
```

任务实施

Step1：打开 VS 2013 软件，新建项目，名称设为"登录界面的设计"，如图 11-1 所示。

图 11-1 新建项目

Step2：从工具箱中找到 Label、TextBox、Button 控件，添加到窗体，如图 11-2 所示。

Step3：放置好控件后更改对应的 text 属性，效果如图 11-3 所示，并按照表 11-1 设置控件的其他属性。

图 11-2　添加窗体控件

图 11-3　设置控件属性

表 11-1　属性设置表

控　件	Name 属性	PasswordChar
textBox1	txtUsername	
textBox2	txtPassword	*
button1	btnLogin	

Step4：打开解决方案资源管理器，右击"登录界面的设计"项目，选择"添加"→"新建项"命令，选择 Windows 窗体，默认名称 Form2.cs，单击"添加"按钮。如图 11-4 和图 11-5 所示。

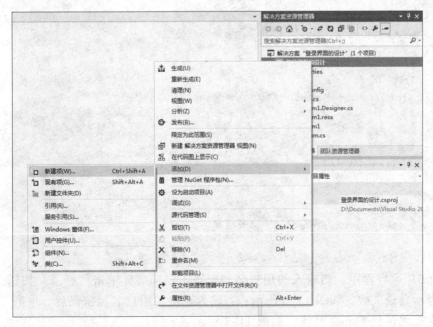

图 11-4　添加新建项

图 11-5　添加 Form2 窗体

Step5：为 btnLogin 按钮添加 Click 单击事件，代码如下。

```
private void btnLogin_Click(object sender, EventArgs e)
{
    //获取用户名和密码
    string username = txtUsername.Text,
    password = txtPassword.Text;
    //是否为空
    if (username==""||password=="")
    {
        MessageBox.Show("用户名和密码不能为空");
        return;
    }
    //验证
    if (username=="admin"&&password=="123456")
    {
        Form2 frm = new Form2();
        frm.Show();
        this.Hide();
    }
    else
    {
        MessageBox.Show("用户名或密码不正确");
    }
}
```

Step6：运行程序，当输入的用户名和密码不正确时，单击"登录"按钮，弹出对话框提示登录失败，如图 11-6 所示；当输入正确的用户名和密码后，单击"登录"按钮，直接跳转到 Form2 窗体，如图 11-7 所示。

图 11-6　登录失败弹出对话框　　　　图 11-7　登录成功跳转到 Form2 界面

任务拓展

多文档界面的创建

在 parentform 父窗体下添加 childform1 和 childform2 子窗体。

Step1：新建一个 Windows 窗体应用程序，项目名称设为"多文档界面的设计"，如图 11-8 所示。

图 11-8　新建"多文档界面的设计"项目

Step2：在"解决方案资源管理器"中右击 Form1.cs，在弹出的快捷菜单中选择"重命名"命令，将窗体名称改为 parentform，并将窗体的 IsMdiContainer 属性设置为 True，如图 11-9 所示。

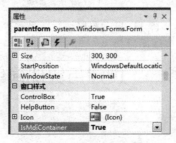

图 11-9　设置 Form1 窗体

Step3：选择"项目"→"添加 Windows 窗体"命令，添加两个新窗体，分别命名为 childform1 和 childform2，如图 11-10 所示。

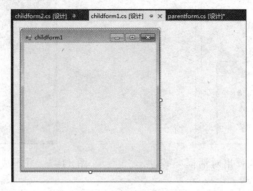

图 11-10　添加子窗体

Step4：在设计器中选中 parentform 窗体并双击，编辑其 Load 事件，具体代码如下。

```
private void parentform_Load(object sender, EventArgs e)
{
    childform1 cf1 = new childform1();
    cf1.MdiParent = this;
    cf1.Show();
    childform2 cf2 = new childform2();
    cf2.MdiParent = this;
    cf2.Show();
}
```

Step5：程序运行结果如图 11-11 所示。

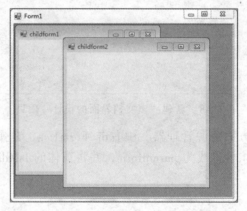

图 11-11　程序运行结果

任务二　创建与实现简单菜单

任务描述

菜单、工具栏和状态栏的设计，其中菜单项要求具有快捷键，工具栏显示常用命名的图标，状态栏显示当前日期和时间。

任务分析

设计一个简单的界面，主菜单包括"文件""编辑""格式""查看""帮助"，其中"文件"菜单项又包括子菜单"新建""打开""保存""另存为""退出"（任意菜单项均有快捷按钮）；状态栏显示了当前日期和时间。

基础知识

一、菜单

菜单是大多数 Windows 应用程序的重要组成部分，一般位于窗体标题栏的下方，列出了程序所能完成的每一项功能。创建菜单常用的方法包括设计视图中创建菜单和编程方式创建菜单项。

1. 设计视图中创建菜单

在"Windows 窗体设计器"中打开需要创建菜单的窗体。在"工具箱"中找到 MenuStrip 控件，双击，即向窗体顶部添加了一个菜单，并且 MenuStrip 组件也添加到了组件栏。

图 11-12 创建菜单项

添加菜单默认有一个文本框，提示程序员在此输入内容，输入的内容将作为菜单的第一个选项，例如输入"新建"，输入后则会在下面显示下拉菜单需输入的位置，在右面显示菜单第二项内容需要显示的位置，如图 11-12 所示。如果在下拉菜单中输入内容，则会同时显示下方选项的占位符及右侧级联菜单的占位符。

2. 编程方式创建菜单项

使用编程的方式来创建，首先创建一个 MenuStrip 对象：MenuStrip menu = new MenuStrip()。

菜单中的每一个菜单项都是一个 ToolStripMenuItem 对象，因此先确定要创建哪几个顶级菜单项，这里创建"文件"和"编辑"两个顶级菜单。

```
ToolStripMenuItem item1=new ToolStripMenuItem("&文件");
ToolStripMenuItem item2=new ToolStripMenuItem("&编辑");
```

接着使用 MenuStrip 的 Items 集合的 AddRange()方法一次性将顶级菜单加入到 MenuStrip 中。此方法要求用一个 ToolStripItem 数组作为传入参数：

```
menu.Items.AddRange(new ToolStripItem[] {item1, item2});
```

继续创建 3 个 ToolStripItem 对象，作为顶级菜单"文件"的下拉子菜单。

```
ToolStripMenuItem item3=new ToolStripMenuItem("&新建");
ToolStripMenuItem item4=new ToolStripMenuItem("&打开");
ToolStripMenuItem item5=new ToolStripMenuItem("&编辑");
```

将创建好的 3 个下拉菜单项添加到顶级菜单上。注意，这里不再调用 Items 属性的 AddRange()方法，添加下拉菜单需要调用顶级菜单的 DropDownItems 属性的

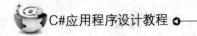

AddRange()方法。

```
item1.DropDownItems.AddRange(new ToolStripItem[ ] { item3, item4, item5 });
```

最后一步只需将创建好的菜单对象添加到窗体的控件集合中即可。

```
this.Controls.Add(menu);
```

也可以以编程的方式禁用和删除菜单项,禁用菜单项只要将菜单项的 Enabled 属性设置为 false,以上例创建的菜单为例,禁用打开菜单项可以使用语句:

```
item4.Enabled=false;
```

删除菜单项就是将该菜单项从相应的 MenuStrip 的 Items 集合中删除。调用 MenuStrip 对象的 Items 集合中的 Remove()方法可以删除指定的 ToolStripMenuItem,一般用于删除顶级菜单;若要删除二级菜单或三级菜单,可使用父级 ToolStripMenuItem 对象的 DropDownItems 集合的 Remove()方法。根据应用程序的运行需要,如果此菜单项以后要再次使用,最好是隐藏或暂时禁用该菜单项而不是删除它。

二、工具栏

工具栏上存放图标的位置通常是一个按钮,它既可以包含图片,又可以包含文本。工具栏可以使用户更直观和便捷地使用菜单中的功能,工具栏提供了单击访问程序中常用功能的方式。

工具栏控件即 ToolStrip 控件,也是在界面设计中非常常用的一种控件,在很多可视化界面中都能看到,选中"Form1.cs[设计]"页,打开"工具箱"窗口,展开"菜单和工具栏"选项,将 ToolStrip 拖动到窗体中,系统则会自动为窗体添加一个停靠在菜单栏下的工具栏。可以通过工具栏"属性"窗口"设计"栏中的名称属性(Name)来修改该对象的变量名称,如 ToolStrip。按【Enter】键确认后,系统也会自动修改项目中所有相关部分的代码。

ToolStrip 控件的属性起着管理控件的显示位置和显示方式的作用。这个控件是前面介绍的 MenuStrip 控件的基础,所以它们具有许多相同的属性。表 11-2 只列出了特定的几个属性,如果需要完整的属性列表,可参阅.NET Framework SDK 文档说明。

表 11-2 ToolStrip 控件的属性

属 性	描 述
GripStyle	4 个垂直排列的点是否显示在工具栏的最左边
LayoutStyle	工具栏上的项如何显示
Items	这个属性包含工具栏中所有项的集合
ShowItemToolTip	这个属性允许确定是否显示工具栏上某项的工具提示
Stretch	自动缩放

三、状态栏

窗体设计中的状态栏是由 StatusStrip 控件来完成的,Windows 窗体的状态栏通常显示在窗口的底部,应用程序可通过 StatusStrip 控件在该区域显示各种状态信息。

StatusStrip 控件上可以有状态栏面板,用于显示指示状态的文本或图标,或一系列指示进程正在执行的动画图标。例如,在鼠标放在超链接上时,Internet Explorer 浏览器会使用状态栏指示某个页面的地址。Microsoft Word 使用状态栏提供有关页位置、节位置和编辑模式的信息。StatusStrip 控件内的可编程区域包含在其 Item 属性集合中,在设计时通过项集合编辑器添加新项。

使用"添加"和"删除"按钮分别向 StatusStrip 控件添加和移除项。另外,要注意几个重要的 StatusStrip 伴生类,即 StatusStrip 中的项,如表 11-3 所示。

表 11-3 几个重要的 StatusStrip 伴生类

类	描 述
ToolStripStatusLabel	表示 StatusStrip 控件中的一个面板
ToolStripDropDownButton	显示用户可以从中选择单个项的关联 ToolStripDropDown
ToolStripSplitButton	表示作为标准按钮和下拉菜单的一个分隔控件
ToolStripProgressBar	显示进程的完成状态

例如,在很多情况下,可以用向 StatusStrip 添加一个 ToolStripProgressBar 形成进度条来显示操作完成的进度或用户浏览的进度等。

任务实施

Step1:打开 VS 2013 软件,新建项目,如图 11-13 所示。然后单击"确定"按钮,出现如图 11-14 所示窗体。

图 11-13 新建项目

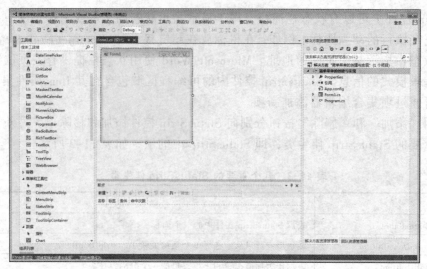

图 11-14 新建窗体

Step2：双击 MenuStrip 控件使其添加到窗体中，如图 11-15 所示。

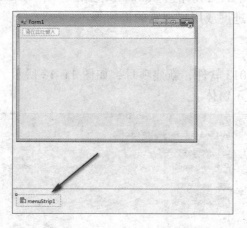

图 11-15 添加 MenuStrip 控件

Step3：为菜单 statusStrip1 添加选项，如图 11-16 所示，输入"文件(&F)"，按【Enter】键，继续向下单击，输入"新建(&N)""打开(&O)""保存(&S)""另存为(&A)""-""退出(&X)"等，如图 11-17 所示。

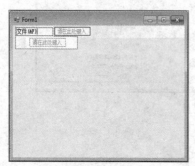

图 11-16 添加 MenuStrip 选项"文件"

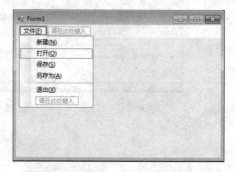

图 11-17 添加"文件"菜单选项

Step4：从第一级菜单"文件"向右开始输入"编辑(&E)""格式(&O)""查看(&V)"，"帮助(&H)"，效果如图 11-18 所示，其中"文件(F)"中 F 为快捷键，编写时请输入"文件(&F)"，按【Enter】键即可，"退出(X)"上方的画线，编写时请输入"-"，按【Enter】键即可。

Step5：添加一个 StatusStrip 控件到窗体，单击 statusStrip1，如图 11-19 所示添加一个 StatusLabel。

图 11-18 完善主菜单选项

图 11-19 添加 StatusStrip 控件

Step6：添加一个 Timer 控件，在窗体加载事件中写如下代码。

```
private void Form1_Load(object sender, EventArgs e)
{
    timer1.Interval = 1000;
    timer1.Enabled = true;
}
```

Step7：在 timer1 的 Tick 事件中写如下代码。

```
private void timer1_Tick(object sender, EventArgs e)
{
    toolStripStatusLabel1.Text ="当前时间:"+ DateTime.Now.ToString();
}
```

Step8：向窗体添加一个 ToolStrip 控件，如图 11-20 所示。

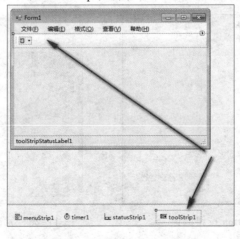
图 11-20 添加 ToolStrip 控件

Step9：为 toolStrip1 添加选项，这里只完成了在工具栏显示一个工具按钮。具体操作过程：首先单击 toolStrip1 控件，然后在 Form1 窗体中打开其下拉列表框，如图 11-21 所示，添加一个 Button 按钮，如图 11-22 所示。对添加的 Button 按钮设置图标，右击新添加的 Button（见图 11-23），选择"设置图像"，打开如图 11-24 所示的"选择资源"对话框，然后根据实际情况选择资源，这里选择本地资源，单击"导入"按钮，打开要添加的图像（见图 11-25），最后单击"选择资源"对话框中的"确定"按钮，即完成工具栏中 Button 按钮图标的设置，如图 11-26 所示。

图 11-21　ToolStrip 下拉列表框

图 11-22　添加 Button 按钮

图 11-23　为 Button 按钮设置图像

图 11-24　"选择资源"对话框

图 11-25　选择 Button 按钮图像

图 11-26　完成 Button 按钮图标设置

Step10：程序运行结果如图 11-27 所示，可以看出窗体具有菜单、工具栏和状态栏。

图 11-27　程序运行结果

任务拓展

设计记事本窗体界面

记事本窗体界面主菜单项包括"文件（F）""编辑（E）""格式（O）""查看（V）""帮助（H）"菜单项，工具栏插入标准项，状态栏能显示就绪状态及日期、时间。

Step1：新建 Windows 应用程序项目，命名为 Notepad，单击"确定"按钮，出现如图 11-28 所示界面。

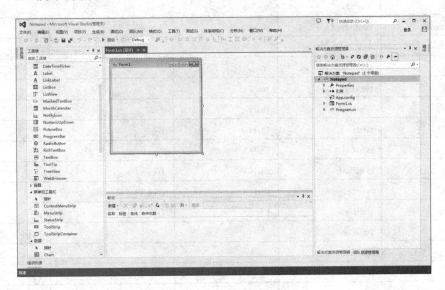

图 11-28　新建项目

Step2：设置窗体属性，如表 11-4 所示。

表 11-4　窗体属性表

属　性	设 置 结 果	属　性	设 置 结 果
Name	frmNotepad	StartPosition（起始位置）	CenterScreen（中央屏幕）
Text	记事本	Size	600，450

Step3：新建好 Notepad 项目后，定位到记事本程序的窗体设计器窗口，从工具箱中拖动 menustrip 控件到窗体，并修改其 name 属性为 mnusNotepad。输入"文件（F）""编辑（E）""格式（O）""查看（V）""帮助（H）"菜单项，并依次添加子菜单，如图 11-29 所示。按照以表 11-5 对菜单项进行设置。

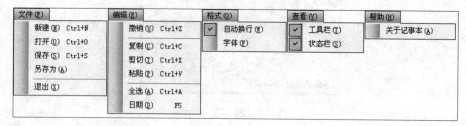

图 11-29 添加菜单

表 11-5 菜单属性表

Text	Name	ShortcutKeys	ShowShortcutKeys	Checked
文件(&F)	tsmiFile	None		
新建(&N)	tsmiNew	Ctrl+N	True	
打开(&O)	tsmiOpen	Ctrl+O	True	
保存(&S)	tsmiSave	Ctrl+S	True	
另存为(&A)	tsmiSaveAs	None		
分隔符（-）				
退出(&X)	tsmiClose	None		
编辑(&E)	tsmiEdit	None		
撤销(&U)	tsmiUndo	Ctrl+Z	True	
复制(&C)	tsmiCopy	Ctrl+C	True	
剪切(&T)	tsmiCut	Ctrl+X	True	
粘贴(&P)	tsmiPaste	Ctrl+V	True	
全选(&A)	tsmiSelectAll	Ctrl+A	True	
日期(&D)	tsmiDate	F5	True	
格式(&O)	tsmiFormat			False
自动换行(&W)	tsmiAuto			True
字体(&F)	tsmiFont			False
查看(&V)	tsmiView			False
工具栏(&T)	tsmiToolStrip			True
状态栏(&S)	tsmiStatusStrip			True
帮助(&H)	tsmiHelp			
关于记事本(&A)	tsmiAbout			

Step4：单击窗体左边会出现工具箱，找到 ToolStrip（工具栏控件）拖动到窗体中，并修改 Name 属性为 tlsNotepad。右击工具栏，选择"插入标准项"命令，出现如图 11-30 所示效果。

Step5：右击工具栏，在弹出菜单中选择编辑项，设置快捷工具功能（新建、打开、保存、剪切、粘贴、复制），如图 11-31 所示。

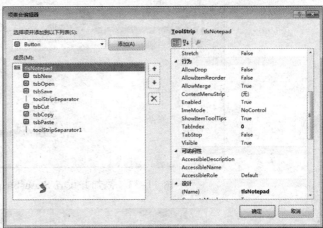

图 11-30　工具栏插入标准项目　　　　　图 11-31　设置快捷工具功能

Step6：单击工具箱中的 RichTextBox 控件添加到窗体中，并修改 Name 属性为 rtxtNotepad，Anchor 属性选择 Top、Bottom、Left、Right，这样当窗体大小改变时，RichTextBox 控件的大小也会随之改变，如图 11-32 所示。

图 11-32　添加并设置 RichTextBox 控件

Step7：添加 StatusStrip（状态栏控件）控件，将其 Name 属性设为 stsNotepad，将 Dock 属性设为 Bottom，再将 Anchor 属性设为 Bottom、Left、Right。然后，单击 Item（Collection）属性后面的 按钮，打开"项集合编辑器"对话框，下拉列表中保留默认的选择 StatusLabel，然后单击"添加"按钮，依次添加 2 个 StatusLabel，并分别命名为 tssLbl1 和 tssLbl2（见图 11-33），再将 tssLbl1 的 Text 属性设为"就绪"，tssLbl2 的 Text 属性设为"显示日期、时间"。

Step8：程序运行结果如图 11-34 所示。

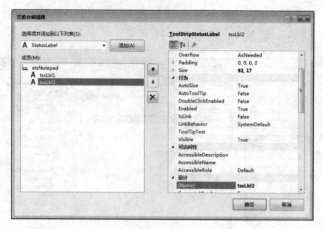

图 11-33　添加并设置 StatusStrip 控件

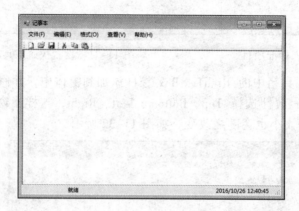

图 11-34　程序运行结果

任务三　设计简易文本编辑器

任务描述

设计一个简易的文本编辑器，可以实现新建文件、打开文件、保存文件、设置字体和颜色。

任务分析

首先对简易的文本编辑器窗体界面进行设计，界面设计完成后进行功能设计，具有新建、打开、保存和格式设置功能，其中单击打开和保存将分别调用打开文件、保存文件对话框，通过格式命令调用颜色对话框和字体对话框实现对字体效果的设置。

基础知识

一、文件打开对话框（OpenFileDialog）

文件打开以话框需要用户指定一个或多个要打开的文件的文件名，如图 11-35 所示。

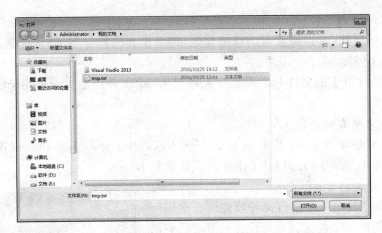

图 11-35 "打开"对话框

OpenFileDialog 控件的常用属性如表 11-6 所示。

表 11-6 OpenFileDialog 控件的常用属性

属　性	说　　明
FileName	文件名
Filter	可选文件名的筛选器，多种类型用分号分隔，筛选字符串用 "|" 分隔
InitialDirectory	初始显示的目录
RestoreDirectory	上次使用文件对话框中初始显示的目录

对话框示例如下。

```
OpenFileDialog dlg1=new OpenFileDialog();
Dlg1.Filter="网页文件(*.htm,*.html)|*.htm;*.html";
Dlg1.InitialDirectory="C:\\";
Dlg1.InitialDirectory=Application.StartupPath;
```

二、文件保存对话框（SaveFileDialog）

文件保存对话框，如图 11-36 所示，可以指定要保存的文件名。SaveFileDialog 和 OpenFileDialog 比较相似，具有许多相同属性，这里主要讨论保存文件特有的对话框属性。

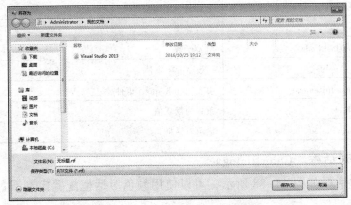

图 11-36 "另存为"对话框

1. 对话框标题

使用 Title 属性,可以设置对话框的标题。如果没有设置标题,默认标题是 Save As。

2. 文件扩展名

文件扩展名用于把文件和应用程序关联起来,给文件添加扩展名便于使用相关应用程序打开文件。

3. 文件名的有效性

为了自动验证文件名的有效性,可使用 ValidateNames、CheckFileExists 和 CheckPathExists,其中 CheckFileExists 的默认值是 false。

4. 覆盖原来的文件

使用 SaveFileDialog 进行文件覆盖时,会询问用户是否要创建一个新文件、是否真想覆盖已有的文件。

三、字体对话框 (FontDialog)

"字体"对话框如图 11-37 所示,可以改变字体、样式、字号和字体颜色。

FontDialog 控件常用属性和方法如表 11-7 所示。

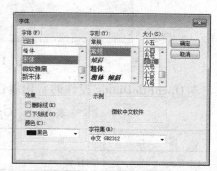

图 11-37 "字体"对话框

表 11-7 FontDialog 常用属性和方法

类型	名称	说明
属性	AllowSimulations	对话框是否允许图形设备接口字体模拟
	Color	选定字体的颜色
	FixedPitchOnly	固定间距字体
	Font	选定的字体
	MaxSize	最大磅值
	MinSize	最小磅值
	Options	初始化 FontDialog 的值
	ShowColor	是否显示颜色选择
	ShowHelp	是否显示帮助按钮
方法	Equals	是否等于
	GetHashCode	哈希函数
	OnApply	引发 Apply 事件
	OnHelpRequest	引发 HelpRequest 事件
	Reset	重置为默认值
	ShowDialog	显示对话框

四、颜色对话框 (ColorDialog)

"颜色"对话框如图 11-38 所示,可以使用颜色对话框配置定制颜色。

图 11-38 "颜色"对话框

ColorDialog 控件常用属性和方法如表 11-8 所示。

表 11-8　ColorDialog 控件常用属性和方法

类型	名称	说明
属性	AllowFullOpen	是否可以使用该对话框定义自定义颜色
	AnyColor	是否显示基本颜色集中可用的所有颜色
	Color	用户选定的颜色
	Container	获取 IContainer，包含 Component
	FullOpen	颜色的控件在对话框打开时是否可见
	Options	获取初始化 ColorDialog 的值
	SolidColorOnly	是否限制用户只选择纯色
方法	Equals	是否等于
	OnHelpRequest	引发 HelpRequest 事件
	ShowDialog	显示对话框

任务实施

Step1：打开 VS 2013 软件，创建 Windows 窗体应用程序，项目名称为"简易文本编辑器"，如图 11-39 所示。

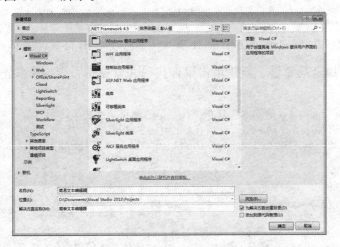

图 11-39　新建"简易文本编辑器"项目

Step2：添加 MenuStrip、StatusStrip、RickTextBox 控件。设置 richTextBox1 的 Name 属性为 rtxtNotepad，Dock 属性为 Fill。添加菜单项(文件→[新建，打开，保存]，格式→[字体])，如图 11-40 所示。选中 statusStrip1，单击该控件右上角三角按钮，选择编辑项，如图 11-41 所示。添加一个 StatusLabel，默认 Name 为 toolStripStatusLabel1，如图 11-42 所示，窗体最终设置效果如图 11-43 所示。

图 11-40　窗体设置

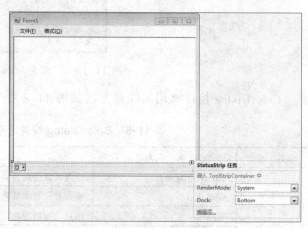

图 11-41　编辑 statusStrip 项

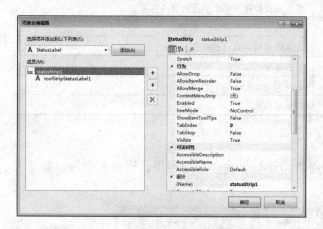

图 11-42　添加 toolStripStatusLabel1 项

图 11-43　窗体最终设置效果

Step3：添加全局变量、新建单击事件代码并监控是否为编辑状态代码，代码如下。

```
bool b = false;   //true: 打开, false: 新建, 默认 false
bool s = true;    //true: 被保存, false: 没被保存, 默认 true
private void 新建NToolStripMenuItem_Click(object sender, EventArgs e)
{
    if (b == true || rtxtNotepad.Text.Trim() != "")
    {
        if (s == false)
        {
            string result;
            result = MessageBox.Show("文件尚未保存,是否保存?", "保存文件", MessageBoxButtons.YesNoCancel).ToString();
```

```
            switch (result)
            {
                case "Yes":
                    if (b == true)
                    {
                        rtxtNotepad.SaveFile(openFileDialog1.FileName);
                    }
                    else if (sdlgNotepad.ShowDialog() == DialogResult.OK)
                    {
                        rtxtNotepad.SaveFile(sdlgNotepad.FileName);
                    }
                    s = true;
                    rtxtNotepad.Text = "";
                    break;
                case "No":
                    b = false;
                    rtxtNotepad.Text = "";
                    break;
            }
        }
    }
}
private void rtxtNotepad_TextChanged(object sender, EventArgs e)
{
    s = false;
    toolStripStatusLabel1.Text = "正在编辑中...";
}
```

Step4：添加 OpenFileDialog 控件并修改 Name 属性为 odlgNotepad，单击打开菜单代码如下。

```
private void OToolStripMenuItem_Click(object sender, EventArgs e)
{
    if (b == true || rtxtNotepad.Text.Trim() != "")
    {
        if (s == false)
        {
            string result;
            result = MessageBox.Show("文件尚未保存,是否保存?", "保存文件",
MessageBoxButtons.YesNoCancel).ToString();
            switch (result)
            {
                case "Yes":
                    if (b == true)
                    {
                        rtxtNotepad.SaveFile(odlgNotepad.FileName);
                    }
                    else if (sdlgNotepad.ShowDialog() == DialogResult.OK)
                    {
                        rtxtNotepad.SaveFile(sdlgNotepad.FileName);
                    }
                    s = true;
                    break;
```

```csharp
            case "No":
                b = false;
                rtxtNotepad.Text = "";
                break;
        }
    }
}
odlgNotepad.RestoreDirectory = true;
if ((odlgNotepad.ShowDialog() == DialogResult.OK) && odlgNotepad.FileName != "")
{
    rtxtNotepad.LoadFile(odlgNotepad.FileName);
    b = true;
}
s = true;
}
```

Step5：添加 SaveFileDialog 控件并修改 Name 属性为 sdlgNotepad 为保存菜单，单击事件，添加如下代码。

```csharp
private void SToolStripMenuItem_Click(object sender, EventArgs e)
{
    sdlgNotepad.Filter = "文本文件|*.txt";
    if (b == true && rtxtNotepad.Modified == true)
    {
        rtxtNotepad.SaveFile(odlgNotepad.FileName);
        s = true;
    }
    else if (b == false && rtxtNotepad.Text.Trim() != "" && sdlgNotepad.ShowDialog() == DialogResult.OK)
    {
        rtxtNotepad.SaveFile(sdlgNotepad.FileName);
        s = true;
        b = true;
        odlgNotepad.FileName = sdlgNotepad.FileName;
        toolStripStatusLabel1.Text = "保存成功";
    }
}
```

Step6：添加控件 FontDialog 并修改 Name 属性为 fdlgNotepad。同时为字体菜单单击事件添加如下代码。

```csharp
private void FToolStripMenuItem_Click(object sender, EventArgs e)
{
    fdlgNotepad.ShowColor = true;
    if (fdlgNotepad.ShowDialog() == DialogResult.OK)
    {
        rtxtNotepad.SelectionColor = fdlgNotepad.Color;
        rtxtNotepad.SelectionFont = fdlgNotepad.Font;
    }
}
```

Step7：运行程序并输入信息进行演示，效果如图 11-44 所示。可以通过图 11-45

所示的"字体"对话框改变文本效果,改后的效果如图 11-46 所示。

图 11-44　程序运行效果

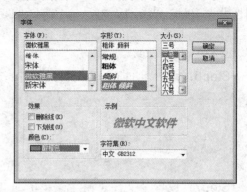

图 11-45　"字体"对话框

图 11-46　修改后的程序运行效果

任务拓展

完善记事本的基本功能

在任务三拓展设计记事本窗体界面完成的基础上,完善实现记事本的基本功能。

Step1:从工具箱中找到 OpenFileDialog(打开对话框)直接拖入窗体中,当用户选择记事本的"文件"→"打开"命令时,使用"打开"对话框(OpenFileDialog)打开文件。

Step2:OpenFileDialog 控件的 Name 属性为 odlgNotepad,Filter 属性设为"RTF 文件|*.rtf|所有文件|*.*"。

Step3:从工具箱中找到 SaveFileDialog(保存对话框)直接拖入窗体中。当用户选择记事本的"文件"→"保存"(或"另存为")命令时,使用"保存"对话框(SaveFileDialog)保存文件。SaveFileDialog 控件的 Name 属性为 sdlgNotepad,FileName 属性改为"无标题",Filter 属性设为"RTF 文件|*.rtf"。

Step4:从工具箱中找到 FontDialog(字体对话框)直接拖入窗体中。当用户选择记事本的"格式"→"字体"命令时,使用字体对话框 FontDialog 设置文本字体。FontDialog 控件的 Name 属性为 fdlgNotepad。

Step5:从工具箱中找到 Timer(计时器控件)直接拖入窗体中。为了记事本在状态栏中显示了时钟,需要使用一个 Timer 控件来实现。Timer 控件的 Name 属性设为

tmrNotepad，Enabled（激活的可行的）属性设为 True，Interval（间隔，间距，幕间时间）属性设为 1000，表示 1s 触发一次 Tick 事件，即 1s 改变一次时钟。

```
bool b = false;
bool s = true;
```

Step6：设置 RichTextBox 双击事件，区分文件是否保存。

```
private void rtxtNotepad_TextChanged(object sender, EventArgs e)
{
    // 文本被修改后，设置s为false，表示文件未保存
    s = false;
}
```

Step7：设置"文件（F）"菜单下的"新建（N）"命令事件。选择"新建"命令时，如果当前文件是从磁盘打开的，并且已经过修改，则要按 OpenFileDialog 控件的路径来保存；如果是新建的文件且内容不为空，则需要用 SaveFileDialog 控件来保存文件。

```
private void tsmiNew_Click(object sender, EventArgs e)
{
    if (b == true || rtxtNotepad.Text.Trim() != "")
    {
        // 若文件未保存
        if (s == false)
        {
            string result;
            result = MessageBox.Show("文件尚未保存,是否保存?", "保存文件", MessageBoxButtons.YesNoCancel).ToString();
            switch (result)
            {
                case "Yes":
                    if (b == true)
                    {
                        rtxtNotepad.SaveFile(odlgNotepad.FileName);
                    }
                    else if (sdlgNotepad.ShowDialog() == DialogResult.OK)
                    {
                        rtxtNotepad.SaveFile(sdlgNotepad.FileName);
                    }
                    s = true;
                    rtxtNotepad.Text = "";
                    break;
                case "No":
                    b = false;
                    rtxtNotepad.Text = "";
                    break;
            }
        }
    }
}
```

Step8：设置"文件（F）"菜单下的"打开（O）"命令事件。选择"打开（O）"命令时，如果是要从磁盘或其他设备打开"*.rtf"文件，同样要做出判断，所不同的

是判断后用 OpenFileDialog 控件打开文件，并且每次保存文件后，都要将前面定义的变量（s）设为 true，表示文件已经被保存。

```csharp
private void tsmiOpen_Click(object sender, EventArgs e)
{
    if (b == true || rtxtNotepad.Text.Trim() != "")
    {
        if (s == false)
        {
            string result;
            result = MessageBox.Show("文件尚未保存,是否保存?", "保存文件",
MessageBoxButtons.YesNoCancel).ToString();
            switch (result)
            {
                case "Yes":
                    if (b == true)
                    {
                        rtxtNotepad.SaveFile(odlgNotepad.FileName);
                    }
                    else if (sdlgNotepad.ShowDialog() == DialogResult.OK)
                    {
                        rtxtNotepad.SaveFile(sdlgNotepad.FileName);
                    }
                    s = true;
                    break;
                case "No":
                    b = false;
                    rtxtNotepad.Text = "";
                    break;
            }
        }
    }
    odlgNotepad.RestoreDirectory = true;
    if ((odlgNotepad.ShowDialog() == DialogResult.OK) && odlgNotepad.FileName != "")
    {
        rtxtNotepad.LoadFile(odlgNotepad.FileName);//打开代码语句
        b = true;
    }
    s = true;
}
```

Step9：设置"文件（F）"菜单下的"保存（S）"命令。代码如下：

```csharp
private void tsmiSave_Click(object sender, EventArgs e)
{
    if (b == true && rtxtNotepad.Modified == true)
    {
        rtxtNotepad.SaveFile(odlgNotepad.FileName);
        s = true;
    }
    else if (b == false && rtxtNotepad.Text.Trim() !="" && sdlgNotepad.ShowDialog() == DialogResult.OK)
    {
        rtxtNotepad.SaveFile(sdlgNotepad.FileName);    //保存语句
```

```
            s = true;
            b = true;
            odlgNotepad.FileName = sdlgNotepad.FileName;
        }
    }
```

Step10:设置"文件(F)"菜单下的"另存为(A)"命令。代码如下:

```
private void tsmiSaveAs_Click(object sender, EventArgs e)
{
    if (sdlgNotepad.ShowDialog() == DialogResult.OK)
    {
        rtxtNotepad.SaveFile(sdlgNotepad.FileName);
        s = true;
    }
}
```

Step11:设置"文件(F)"菜单下的"退出(X)"命令。代码如下:

```
private void tsmiClose_Click(object sender, EventArgs e)
{
    Application.Exit();       //退出
}
```

Step12:设置"编辑(E)"菜单下的"撤销"命令,代码如下:

```
private void tsmiUndo_Click(object sender, EventArgs e)
{
    rtxtNotepad.Undo();       //撤销
}
```

Step13:设置"编辑(E)"菜单下的"复制"命令,代码如下:

```
private void tsmiCopy_Click(object sender, EventArgs e)
{
    rtxtNotepad.Copy();       //复制
}
```

Step14:设置"编辑(E)"菜单下的"剪切"命令,代码如下:

```
private void tsmiCut_Click(object sender, EventArgs e)
{
    rtxtNotepad.Cut();        //剪切
}
```

Step15:设置"编辑(E)"菜单下的"粘贴"命令,代码如下:

```
private void tsmiPaste_Click(object sender, EventArgs e)
{
    rtxtNotepad.Paste();      //粘贴
}
```

Step16:设置"编辑(E)"菜单下的"全选"命令,代码如下:

```
private void tsmiSelectAll_Click(object sender, EventArgs e)
{
    rtxtNotepad.SelectAll();              //全选
}
```

Step17:设置"日期"菜单。代码如下:

```
private void tsmiDate_Click(object sender, EventArgs e)
```

```
{
    rtxtNotepad.AppendText(System.DateTime.Now.ToString());//显示当前日期
}
```

Step18：设置"格式（O）"菜单，用于设置打开或新建的文本内容是否自动换行，以及设置字体的格式功能。"自动换行（W）"命令代码如下：

```
private void tsmiAuto_Click(object sender, EventArgs e)
{
    if (tsmiAuto.Checked == false)
    {
        tsmiAuto.Checked = true;                // 选中该菜单项
        rtxtNotepad.WordWrap = true;            // 设置为自动换行
    }
    else
    {
        tsmiAuto.Checked = false;
        rtxtNotepad.WordWrap = false;
    }
}
```

Step19：设置"格式（O）"菜单下的"字体（F）"命令代码如下：

```
private void tsmiFont_Click(object sender, EventArgs e)
{
    fdlgNotepad.ShowColor = true;
    if (fdlgNotepad.ShowDialog() == DialogResult.OK)
    {
        rtxtNotepad.SelectionColor = fdlgNotepad.Color;
        rtxtNotepad.SelectionFont = fdlgNotepad.Font;
    }
}
```

Step20：设置"格式（O）"菜单下的"查看（V）"命令，用于设置记事本上是否显示工具栏和状态栏，这个命令默认情况下是被选中的，可以通过选择相应的命令设置不同的显示效果。代码如下：

```
private void tsmiToolStrip_Click(object sender, EventArgs e)
{
    Point point;
    if (tsmiToolStrip.Checked == true)
    {
        point = new Point(0, 24);
        tsmiToolStrip.Checked = false;
        tlsNotepad.Visible = false;
        rtxtNotepad.Location = point;
        rtxtNotepad.Height += tlsNotepad.Height;
    }
    else
    {
        point = new Point(0, 49);
        tsmiToolStrip.Checked = true;
        tlsNotepad.Visible = true;
        rtxtNotepad.Location = point;
        rtxtNotepad.Height -= tlsNotepad.Height;
    }
```

}
```

**Step21**：设置"格式（O）"菜单下的"状态栏（S）"命令。代码如下：

```
private void tsmiStatusStrip_Click(object sender, EventArgs e)
{
    if (tsmiStatusStrip.Checked == true)
    {
        tsmiStatusStrip.Checked = false;
        stsNotepad.Visible = false;
        rtxtNotepad.Height += stsNotepad.Height;
    }
    else
    {
        tsmiStatusStrip.Checked = true;
        stsNotepad.Visible = true;
        rtxtNotepad.Height -= stsNotepad.Height;
    }
}
```

Step22：设置"帮助（H）"菜单，只有一个命令"关于记事本（A）"，该命令可调用一个窗体（frmAbout）显示本程序的一些相关信息。

```
private void tsmiAbout_Click(object sender, EventArgs e)
{
    frmAbout ob_FrmAbout = new frmAbout();
    ob_FrmAbout.Show();
}
```

Step23：工具栏提供了一些快捷按钮，用来方便用户操作，用户单击按钮时相当于选择了某个命令。双击工具栏的空白部位，编写工具栏的 ItemClicked 事件，代码如下：

```
private void tlsNotepad_ItemClicked(object sender, ToolStripItemClickedEventArgs e)
{
    int n;
    n = tlsNotepad.Items.IndexOf(e.ClickedItem);
    switch (n)
    {
        case 0:
            NToolStripButton_Click (sender, e);
            break;
        case 1:
            OToolStripButton_Click (sender, e);
            break;
        case 2:
            SToolStripButton_Click (sender, e);
            break;
        /*case 3:
            tsmiCopy_Click(sender, e);
            break;*/
        case 4:
            UToolStripButton_Click (sender, e);
            break;
        case 5:
            PToolStripButton_Click (sender, e);
            break;
        /*case 6:
```
```

```
                tsmiPaste_Click(sender, e);
                break; */
        case 7:
            tsmiAbout_Click (sender, e);
            break;
    }
}
```

Step24：要在状态栏的 tssLbl2 中显示当前时间，需要编写计时器控件的 Tick 事件（每秒触发一次）。代码如下：

```
private void tmrNotepad_Tick(object sender, EventArgs e)
{
    tssLbl2.Text = System.DateTime.Now.ToString();
}
```

Step25：程序运行结果如图 11-47 所示。

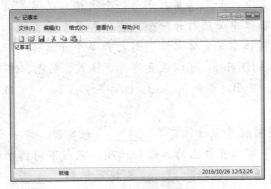

图 11-47　程序运行结果

小　结

本单元主要内容包括三部分：（1）窗体对象，包括单文档窗体和多文档窗体，模态与非模态窗体；（2）菜单栏、工具栏和状态栏；（3）对话框，包括文件打开对话框、文件保存对话框、字体对话框、颜色对话框。这些是窗体界面设计的常用对象，C# 采用控件的形式简化了界面设计。

习　题

一、选择题

1. 下面关于打开对话框 OpenFileDialog 的 Filter 属性（Excel 文件 |*.xls "），说法错误的是（　　）。

　　A．前面的 "Excel 文件" 成为标签，是一个可读的字符串，可以自定义

　　B．" |*.xls" 是筛选器，表示筛选文件夹中扩展名为 .xls 的文件

　　C．"*" 表示匹配 Excel 文件名称的字符串

D. 以上说法都不对
2. 关于颜色对话框下列说法错误的是（   ）。
   A. AllowFullOpen：允许自定义颜色
   B. SolidColorOnly：不可选择复杂颜色
   C. AnyColor：显示所有颜色
   D. Color：获取或设置用户选定的颜色
3. 通常 StatusStrip 控件由（   ）对象组成。
   A. ToolStripStatusLabel   B. ToolStripDropButton
   C. ToolStripSplitButton   D. ToolStripProgressBar
4. 下面说法正确的是（   ）。
   A. 单文档窗体支持一次打开一个或多个窗口
   B. 单文档窗体中，如果想要打开另一个文档，必须先关闭已经打开的文档
   C. 在多文档窗体中必须打开一个父窗体和多个子窗体
   D. 在多文档窗体中父窗体必须同时打开多个子窗体
5. 字体对话框 FontDialog，可以改变字体、样式、颜色，但不可以改变（   ）。
   A. 底纹   B. 粗细   C. 字号   D. 斜体

二、填空题

1. 对于复杂的应用程序，往往需要_____来实现，即一个应用程序中有多个并列的普通窗体，每个窗体有自己的界面和代码，完成不同的功能。
2. 创建菜单常用的方法包括_____创建菜单和_____创建菜单项。
3. _____可以使用户更直观和便捷地使用菜单中的功能。
4. 窗体设计中的状态栏是由_____控件来完成的，Windows 窗体的状态栏通常显示在窗口的底部，在该区域显示各种状态信息。
5. 在多重窗体中，需要将父窗体的 IsMdiContainer 属性设置为_____。

三、综合题

1. 简述如何添加菜单。
2. 简述单文档窗体和多文档窗体有什么区别。
3. 简述 C#中包含哪些对话框，分别具有什么作用。

四、上机编程

设计一个简易的记事本软件，实现对文本文件的以下操作功能：
（1）新建、打开、保存、另存为和退出文件。
（2）编辑文件：包括复制、剪切、粘贴、清除、撤销。
（3）文件查看：包括是否显示工具栏和状态栏。
（4）设置字体、颜色、自动换行。
（5）利用快捷菜单编辑文件。

单元十二

文件操作

引言

计算机最重要的作用就是处理信息,文件是信息数据的常见存储形式,计算机中的数据通常以文件的形式存储在外存储器中,因此程序设计中经常要对文件进行各种操作。本单元主要介绍C#中文件读/写和文件管理的方法。

要点

- 了解文件、目录和流的概念,掌握与文件、目录和流相关的主要方法。
- 能够获取驱动器、目录和文件的信息。
- 掌握目录的创建、删除等操作,文件的读/写操作。

任务一 输出文件信息

任务描述

输出计算机上所有驱动器名、驱动器下的文件夹名及文件名。

任务分析

读取驱动器名、文件夹名和文件名,需要用到 DriveInFo 类、Directory 类和 FileInFo 类。这3个类是文件管理的重要内容。

基础知识

一、驱动器、目录和文件

Windows 操作系统对文件采用目录管理方式,文件和目录保存在驱动器上,C#提供了 DriverInfo 类、DirectoryInFo 类和 FileInFo 类分别对驱动器、目录和文件进行管理。

另外,C#中使用 DriveListBox、DirListBox 和 FileListBox 控件,分别用于对驱动器、文件夹和文件的操作。默认情况下,这3个控件不显示在C#的标准工具箱中,使用时需要先添加到工具箱中。

二、文件相关的枚举类型

FileMode 枚举类型表示文件的打开方式,其成员如表12-1所示。

表 12-1 FileMode 枚举成员

成员名称	说明
CreateNew	创建文件。如果文件已存在,则将引发异常
Create	创建文件。如果文件已存在,它将被覆盖
Open	打开现有文件。如果该文件不存在,则引发异常
OpenOrCreate	如果文件存在,打开文件;否则打开创建的新文件
Truncate	打开现有文件。文件一旦打开,就将被截断为零字节大小
Append	打开现有文件并查找到文件尾,或创建新文件

FileAttributes 枚举类型表示文件类型,其成员如表 12-2 所示。

表 12-2 FileAttributes 枚举成员

成员名称	说明
Archive	存档状态
Compressed	已压缩
Directory	为一个目录
Hidden	是隐藏的,因此没有包括在普通的目录列表中
Normal	正常,没有设置其他的属性。此属性仅在单独使用时有效
ReadOnly	为只读
System	为系统文件
Temporary	是临时文件

FileAccess 枚举类型表示对文件的访问方式,即访问权限,其成员如表 12-3 所示。

表 12-3 FileAccess 枚举成员

成员名称	说明
Read	对文件的读访问。可从文件中读取数据,同 Write 组合即构成读/写访问权
Write	文件的写访问。可将数据写入文件,同 Read 组合即构成读/写访问权
ReadWrite	对文件的读访问和写访问。可从文件读取数据和将数据写入文件

FileShare 枚举类型表示文件的共享方式,其成员如表 12-4 所示。

表 12-4 FileShare 枚举成员

成员名称	说明	成员名称	说明
None	谢绝共享当前文件	ReadWrite	允许随后打开文件读取或写入
Read	允许随后打开文件读取	Delete	允许随后删除文件
Write	允许随后打开文件写入	Inheritable	使文件句柄可由子进程继承

三、DriveInfo 类

DriveInfo 类可以访问驱动器信息,其构造函数如下:

```
public DriveInfo ( string driveName );
```

DriveInfo 类的主要属性如表 12-5 所示。

表 12-5　DriveInfo 类的主要属性

名　　称	说　　明
AvailableFreeSpace	指示驱动器上的可用空闲空间量
DriveFormat	文件系统的名称，例如 NTFS 或 FAT32
DriveType	驱动器类型
IsReady	一个指示驱动器是否已准备好的值
Name	驱动器的名称
RootDirectory	驱动器的根目录
TotalFreeSpace	驱动器上的可用空闲空间总量
TotalSize	驱动器上存储空间的总大小
VolumeLabel	设置驱动器的卷标

DriveInfo 类的主要方法如表 12-6 所示。

表 12-6　DriveInfo 类的主要方法

名　　称	说　　明
Equals()	确定两个 Object 实例是否相等
GetDrives()	检索所有逻辑驱动器的驱动器名称
GetHashCode()	用作特定类型的哈希函数
GetType()	获取当前实例的 Type
ReferenceEquals()	确定指定的 Object 实例是否是相同的实例
ToString()	将驱动器名称作为字符串返回

DriveInfo 类的使用示例如下：

```
DriveInfo[] allDrives = DriveInfo.GetDrives();
foreach (DriveInfo d in allDrives)
{
    Console.WriteLine("驱动器: {0}", d.Name);
    Console.WriteLine("文件类型: {0}", d.DriveType);
    if (d.IsReady == true)
    {
        Console.WriteLine("卷标: {0}", d.VolumeLabel);
        Console.WriteLine("文件系统: {0}", d.DriveFormat);
        Console.WriteLine("当前用户空闲空间: {0, 15} bytes", d.AvailableFreeSpace);
        Console.WriteLine("总可用空间:{0, 15} bytes", d.TotalFreeSpace);
        Console.WriteLine("总空间: {0, 15} bytes ", d.TotalSize);
    }
}
```

四、DirectoryInfo 类

DirectoryInfo 类提供了目录的管理和访问功能，可以创建、移动和删除目录，其构造函数如下：

```
public DirectoryInfo ( string path );
```

DirectoryInfo 类的主要属性如表 12-7 所示。

表 12-7　DirectoryInfo 类的主要属性

名　　称	说　　明
Attributes	FileSystemInfo 的 FileAttributes
CreationTime	FileSystemInfo 对象的创建时间
CreationTimeUtc	当前 FileSystemInfo 对象的创建时间，其格式为协调通用时间(UTC)
Exists	指示目录是否存在
Extension	表示文件扩展名部分的字符串
FullName	目录或文件的完整目录
LastAccessTime	上次访问当前文件或目录的时间
LastAccessTimeUtc	上次访问当前文件或目录的时间，其格式为协调通用时间(UTC)
LastWriteTime	上次写入当前文件或目录的时间
LastWriteTimeUtc	上次写入当前文件或目录的时间，其格式为协调通用时间(UTC)
Name	此 DirectoryInfo 实例的名称
Parent	指定子目录的父目录
Root	路径的根部分

DirectoryInfo 类的主要方法如表 12-8 所示。

表 12-8　DirectoryInfo 类的主要方法

名　　称	说　　明
Create()	创建目录
CreateObjRef()	创建一个包含生成用于与远程对象进行通信的代理信息的对象
CreateSubdirectory()	在指定路径中创建一个或多个子目录
Delete()	从路径中删除 DirectoryInfo 及其内容
Equals ()	确定两个 Object 实例是否相等
GetAccessControl()	获取当前目录的访问控制列表（ACL）项
GetDirectories()	返回当前目录的子目录
GetFiles()	返回当前目录的文件列表
GetFileSystemInfos()	当前目录的文件和子目录的强类型 FileSystemInfo 对象的数组
GetHashCode()	用作特定类型的哈希函数
GetLifetimeService()	检索控制此实例的生存期策略的当前生存期服务对象
GetObjectData()	设置带有文件名和附加异常信息的 SerializationInfo 对象
GetType()	获取当前实例的 Type
InitializeLifetimeService()	获取控制此实例的生存期策略的生存期服务对象
MoveTo()	将 DirectoryInfo 实例及其内容移动到新路径
ReferenceEquals()	确定指定的 Object 实例是否是相同的实例
Refresh()	刷新对象的状态
SetAccessControl()	将访问控制列表项应用于当前 DirectoryInfo 对象所描述的目录
ToString()	返回用户所传递的原始路径

DirectoryInfo 类的使用示例如下:

```
DirectoryInfo di = new DirectoryInfo(@"c:\MyDir");
if (di.Exists)
{
    Console.WriteLine("目标已存在.");
    return;
}
di.Create();
Console.WriteLine("目标创建成功.");
di.Delete();
Console.WriteLine("目标删除成功.");
```

五、FileInfo 类

C#中的文件管理主要通过 File 类来实现。File 类提供用于创建、复制、删除、移动和打开文件的静态方法。其构造函数如下:

```
public FileInfo ( string filename );
```

FileInfo 类的主要属性如表 12-9 所示。

表 12-9　FileInfo 类的主要属性

属　性	说　明
Attributes	获取或设置当前 FileSystemInfo 的 FileAttributes
CreationTime	获取或设置当前 FileSystemInfo 对象的创建时间
CreationTimeUtc	获取或设置当前 FileSystemInfo 对象的创建时间(UTC)
Directory	获取父目录的实例
DirectoryName	获取表示目录的完整路径的字符串
Exists	获取指示文件是否存在的值
Extension	获取表示文件扩展名部分的字符串
FullName	获取目录或文件的完整目录
IsReadOnly	获取或设置确定当前文件是否为只读的值
LastAccessTime	获取或设置上次访问当前文件或目录的时间
LastAccessTimeUtc	获取或设置上次访问当前文件或目录的时间(UTC)
LastWriteTime	获取或设置上次写入当前文件或目录的时间
LastWriteTimeUtc	获取或设置上次写入当前文件或目录的时间(UTC)
Length	获取当前文件的大小
Name	获取文件名

FileInfo 类的主要方法如表 12-10 所示。

表 12-10　FileInfo 类的主要方法

名　称	说　明
AppendText()	创建一个 StreamWriter，它向 FileInfo 的此实例表示的文件追加文本
CopyTo()	将现有文件复制到新文件
Create()	创建文件
CreateObjRef()	创建一个对象，该对象包含与远程对象进行通信的代理所需信息

续表

名称	说明
CreateText()	创建写入新文本文件的 StreamWriter
Decrypt()	使用 Encrypt 方法解密由当前账户加密的文件
Delete()	永久删除文件
Encrypt()	将某个文件加密，使得只有加密该文件的账户才能将其解密
Equals ()	确定两个 Object 实例是否相等
GetAccessControl()	获取 FileSecurity 对象
GetHashCode()	用作特定类型的哈希函数
GetLifetimeService()	检索控制此实例的生存期策略的当前生存期服务对象
GetObjectData()	设置带有文件名和附加异常信息的 SerializationInfo 对象
GetType()	获取当前实例的 Type
InitializeLifetimeService()	获取控制此实例的生存期策略的生存期服务对象
MoveTo()	将指定文件移到新位置，并提供指定新文件名的选项
Open()	用各种读/写访问权限和共享特权打开文件
OpenRead()	创建只读 FileStream
OpenText()	创建使用 UTF8 编码、从现有文本文件中进行读取的 StreamReader
OpenWrite()	创建只写 FileStream
ReferenceEquals()	确定指定的 Object 实例是否是相同的实例
Refresh()	刷新对象的状态
Replace()	替换指定文件的内容
SetAccessControl()	将访问控制列表项应用于当前 FileInfo 对象所描述的文件
ToString()	以字符串形式返回路径

DirectoryInfo 类的使用示例如下：

```
string path = Path.GetTempFileName();
FileInfo fi1 = new FileInfo(path);
if (!fi1.Exists)
{
    using (StreamWriter sw = fi1.CreateText())
    {
        sw.WriteLine("Hello");
        sw.WriteLine("And");
        sw.WriteLine("Welcome");
    }
}
using (StreamReader sr = fi1.OpenText())
{
    string s = "";
    while ((s = sr.ReadLine()) != null)
    {
        Console.WriteLine(s);
    }
}
string path2 = Path.GetTempFileName();
FileInfo fi2 = new FileInfo(path2);
fi2.Delete();
fi1.CopyTo(path2);
```

```
Console.WriteLine("{0} was copied to {1}.", path, path2);
fi2.Delete();
Console.WriteLine("{0} was successfully deleted.", path2);
```

任务实施

1. 程序代码

```
DriveInfo[] drivers = DriveInfo.GetDrives();
foreach (DriveInfo driver in drivers)
{
    if (driver.IsReady)
    {
        Console.WriteLine(driver.Name);
        DirectoryInfo dir = new DirectoryInfo(driver.Name);
        foreach (DirectoryInfo d in dir.GetDirectories())
        {
            Console.WriteLine(d.Name);
        }
        FileInfo[] files = dir.GetFiles();
        foreach (FileInfo file in files)
        {
            Console.WriteLine("{0}, {1}, {2}",file.Name,file.CreationTime,
file.Length);
        }
    }
}
Console.ReadLine();
```

2. 程序分析

使用 DriveInfo 类获取所有驱动器信息，并使用 foreach 对驱动器进行遍历；使用 DirectoryInfo 类和 FileInfo 类分别获取目录和文件信息。

3. 运行结果

程序运行结果如图 12-1 所示。

图 12-1　程序运行结果

任务二 输入/输出文件

任务描述
把文件 a.txt 中的内容复制到 b.txt 文件中。

任务分析
创建文件 b.txt，读取已经存在的 a.txt 文件内容，并把读取的内容写入到 b.txt 文件中。

基础知识

一、文件
文件是指一些具有永久存储及由特定顺序的字节组成的一个有序的、具有名称的集合。文件通常存储在外部介质上，通过文件名对其进行访问。

在 C#中，文件是字符（字节）的序列，即由一个个字符（字节）的数据顺序组成。对文件的存取是以字符（字节）为单位进行的。

二、文件分类
按照不同的标准，可以将文件分为不同的类型。

（1）按照数据的性质可以分为程序文件和数据文件。

程序文件存放的是可以由计算机执行的程序，包括源文件和可执行文件。在 C#中，扩展名为 exe、sln、csproj、cs 等的文件都是程序文件。

数据文件存放的是程序运行时所用到的输入或输出的数据，例如学生成绩、图示目录等。这类数据必须通过程序来存取和管理。

（2）按照数据的编码方式可以分为 ASCII 文件和二进制文件。

ASCII 文件又称文本文件，存放的是各种数据的 ASCII 码。

二进制文件存放的是各种数据的二进制代码，即把数据按其在内存中的存储形式在外存储器中存放，可以存储任何形式的数据。

（3）按照数据存储的介质分为磁盘文件、磁带文件，根据数据的流向分为输入文件、输出文件等。

三、File 方法
常用的 File 类的方法如下：

1. Copy()方法

Copy()方法用于将现有文件复制到新文件，其语法格式如下：

`File.Copy(源文件名,目标文件名[,覆盖]);`

参数说明：

（1）源文件名：字符串表达式，指定要复制的文件。

（2）目标文件名：字符串表达式，指定目标文件的名称。它不能是目录或现有文件。

（3）覆盖：可选项。布尔型表达式，如果可以覆盖目标文件，则为 true；否则为 false。

例如：

```
File.Copy("c:\\MyTest.txt","c:\\temp\\MyData.txt",true);
```

2. Create()方法

Create()方法用于在指定路径中创建文件,它返回一个 FileStream 对象,提供对指定文件的读/写访问。Create 方法的语法格式如下:

```
File.Create(路径[,缓冲区大小]);
```

参数说明:

(1) 路径:字符串表达式,指定要创建的文件的相对或绝对路径及名称。

(2) 缓冲区大小:可选项。int 型值,指定用于读取和写入文件的已放入缓冲区的字节数。

例如:

```
FileStream fs=File.Create("d:\\temp\\MyTest.txt",1024);
```

使用 Create()方法时,如果指定的文件不存在,则创建该文件;如果存在并且不是只读的,则将覆盖其内容。

默认情况下,Create()方法向所有用户授予对新文件的完全读/写访问权限。文件是用读/写访问权限打开的,必须关闭后才能由其他应用程序打开。

3. Delete 方法

Delete()方法用于删除指定的文件,其语法格式如下:

```
File.Delete(路径);
```

例如:

```
File.Delete("d:\\MyTest.txt");
```

4. Exists()方法

Exists()方法用于确定指定的文件是否存在,其语法格式如下:

```
File. Exists(路径);
```

如果路径包含现有文件的名称,则返回值为 true,否则为 false;如果路径描述的是一个文件夹,则此方法返回 false。

> 注意:
> 不应使用 Exists()方法来验证路径,此方法仅检查路径中指定的文件是否存在。

5. GetAttributes()方法

GetAttributes()方法用于获取在此路径上文件的文件属性,返回值为 FileAttributes 枚举类型。其语法格式如下:

```
File. GetAttributes(路径);
```

6. SetAttributes()方法

SetAttributes()方法用于设置指定路径上文件的指定文件属性。其语法格式如下:

```
File. SetAttributes(路径,文件属性);
```

7. Move()方法

Move()方法用于将指定文件移到新位置,并提供指定新文件名的选项。其语法格式如下:

```
File. Move(@"d:\MyTest.txt", @"d\temp\MyData.txt");
```

> **注意：**
> 不能使用 Move()方法覆盖现有文件。

8. Open()方法

Open()方法用于打开指定路径上的文件，它返回一个 FileStream 对象，提供对该文件的读/写访问。其语法格式如下：

```
File.Open(路径,文件模式[,访问方式][,共享方式]);
```

例如：

```
File.Open(@"d:\MyData.txt",FileMode.Open,FileAccess.ReadWrite);
```

该语句打开 d 盘根目录中的文件 MyData.txt 以供读/写操作。

9. AppendAllText()方法

AppendAllText()方法用于打开一个文件，将指定的字符串追加到文件中，然后关闭该文件。如果文件不存在，则创建该文件。其语法格式如下：

```
File. AppendAllText(路径,内容[,编码]);
```

例如：

```
File. AppendAllText(@"d:\Test.txt","This is a extra text.");
```

该语句打开 d 盘根目录中的文件 Test.txt，将字符串 This is a extra text.追加到文件末尾，然后关闭文件。如果 d:\Test.txt 不存在，则创建该文件，并向其中添加文本。

10. ReadAllText()方法

ReadAllText()方法用于打开一个文本文件，读取文件的所有行，然后关闭该文件。返回值为包含文件所有行的字符串数组。其语法格式如下：

```
File. ReadAllText(路径[,编码]);
```

该方法打开一个文件，读取文件的每一行，然后将每一行添加为字符串数组的一个元素，最后关闭文件。所产生的字符串不包含终止回车符或换行符。

例如：

```
string s;
s=File.ReadAllText(@"d:\Test.txt");
```

该语句打开 d 盘根目录中的文件 Test.txt，将文件内容读入字符串 s，然后关闭文件。

四、流

在 C#中，流表示数据的传输操作，它提供了一种向存储写入字节和从存储读取字节的方式。通常，从内存向其他设备传输数据的流称为输出流，将其他设备的数据传输到内存的流称为输入流。

所有表示流的类都是从 Stream 类继承的。流涉及 3 个基本操作：

（1）读取：从流到数据结构都是有 3 个的数据传输。

（2）写入：从数据源到流的数据传输。

（3）查找：对流内的当前位置进行查询和修改。

System.IO 命名空间提供对文件、目录和流执行各种操作，包含了允许读/写文件和数据流的类型，以及提供基本文件和目录支持的类型。常用的读写文件和数据流的类有 BinaryReader、BinaryWriter、FileStream、StreamReader、StreamWriter、StringReader、StringWriter 等。

五、文件流

FileStream 类为文件流，能够对文件进行读取、写入、打开和关闭等操作，FileStream 对输入/输出进行缓冲，从而提高性能。

1. 创建 FileStream 对象

FileStream 类的构造函数创建 FileStream 对象实例。FileStream 类的常用构造函数如表 12-11 所示。

表 12-11 FileStream 类的常用构造函数

构 造 函 数	说　　明
FileStream(路径,文件模式)	指定路径和创建模式
FileStream(路径,文件模式,访问方式)	指定路径、创建模式和读/写权限
FileStream(路径,文件模式,访问方式,共享方式)	使用指定的路径、创建模式、读/写权限和共享权限
FileStream(路径,文件模式,访问方式,共享方式,缓冲区大小)	使用指定的路径、创建模式、读/写及共享权限

参数说明：

（1）路径：字符串型表达式，是当前 FileStream 对象将要封装文件的相对路径或绝对路径。路径可以是指文件或仅是目录。例如，d:\\MyDir\\MyFile.txt，@ "d:\MyDir\MyFile.txt"、d:\\MyDir、MyDir\\MySubdir 和 \\\\MyServer\\MyShare 等。

也可以使用@ "d:\MyDir\MyFile.txt" 代替 d:\\MyDir\\MyFile.txt。

（2）文件模式：用来确定打开或创建文件的方式，为 FileMode 枚举类型，参见表 12-1。

（3）访问方式：确定文件的访问方式，为 FileAccess 枚举类型，参见表 12-3。

（4）共享方式：确定文件由进程共享的方式，为 FileShare 枚举类型，参见表 12-4。

（5）缓存区大小：一个大于零的正 Int32 值。

2. FileStream 类的方法

FileStream 类的常用方法如表 12-12 所示。

表 12-12 FileStream 类的常用方法

方法名称	说　　明
Close()	关闭当前流并释放与之关联的所有资源
Dispose()	释放由 FileStream 占用的非托管资源，还可以另外再释放托管资源
Flush()	清除该流的所有缓冲区，会使得所有缓冲的数据都写入到文件系统
Read()	从流中读取字节块并将该数据写入给定缓冲区中
ReadByte()	从文件中读取一个字节，并将读取位置提示一个字节
Seek()	将该流的当前位置设置为给定值
Write()	使用从缓冲区读取的数据，将字节块写入该流
WriteByte()	将一个字节写入文件流的当前位置

六、文本文件读

C#使用 StreamReader 类和 StreamWrite 类对文本文件进行读操作。

1. 创建 StreamReader 对象

StreamReader 类的常用构造函数如表 12-13 所示。

表 12-13 StreamReader 类的常用构造函数

构造函数	说明
StreamReader(路径)	为指定的文件名初始化 StreamReader 类的对象
StreamReader(路径,编码)	用指定的字符编码,为指定的文件名初始化 StreamReader 类的对象
StreamReader(路径,编码,检测标记)	为指定的文件名初始化 StreamReader 类的对象,带有指定的字符编码和字节顺序标记检测选项
StreamReader(流)	为指定的流初始化 StreamReader 类的对象
StreamReader(流,编码)	用指定的字符编码为指定的流初始化 StreamReader 类的对象
StreamReader(流,编码,检测标记)	为指定的流初始化 StreamReader 类的对象,带有指定的字符编码和字节顺序标记检测选项

参数说明:

(1) 路径:字符串型表达式,是要读取的完整文件路径。路径不一定必须是存储在磁盘上的文件,它可以是系统中支持通过流进行访问的任何部分。

(2) 流:要进行读取操作的流对象。

(3) 编码:要使用的字符编码。System.Text 命名空间中的 Encoding 类用于表示字符编码,它的 5 个常用属性代表了 5 种编码,如表 12-14 所示。

表 12-14 字符编码

编码	说明
ASCII	ASCII(7 位)字符集的编码
Default	操作系统的当前 ANSI 代码页的编码
Unicode	使用 Little-Endian 字节顺序的 UTF-16 格式的编码
UTF7	UTF-7 格式的编码
UTF8	UTF-8 格式的编码

(4) 检测标记:布尔型值,用于指示是否在文件头查找字节顺序标志。该参数通过查看流的前 3 个字节来检测编码。

2. StreamReader 类的方法

StreamReader 类的常用方法如表 12-15 所示。

表 12-15 StreamReader 类的常用方法

方法	说明
Close()	关闭流,并释放与读取器关联的所有系统资源
Peek()	返回下一个可用的字符,但不使用它
Read()	读取输入流中的下一个字符或下一组字符
ReadLine()	从当前流中读取一行字符并将数据作为字符串返回
ReadToEnd()	从流的当前位置到末尾读取流

七、文本文件写

C#使用 StreamWriter 对象对文本文件进行写操作。

1. SteamWriter 构造函数

StreamWriter 类的常用构造函数如表 12-16 所示。

表 12-16 StreamWriter 类的常用构造函数

构造函数	说明
StreamWriter(路径)	使用默认编码和缓冲区大小,为指定路径上的指定文件初始化 StreamWriter 类的对象
StreamWriter(路径,追加)	使用默认编码和缓冲区大小,为指定路径上的指定文件初始化 StreamWriter 类的对象
StreamWriter(路径,追加,编码)	使用指定编码和默认缓冲区大小,为指定路径上的指定文件初始化 StreamWriter 类的对象
StreamWriter(路径,追加,编码,缓冲区大小)	使用指定编码和缓冲区大小,为指定路径上的指定文件初始化 StreamWriter 类的对象
StreamWriter(流)	用 UTF-8 编码及默认缓冲区大小,为指定的流初始化 StreamWriter 类的对象
StreamWriter(路径,编码)	用指定的编码及默认缓冲区大小,为指定的流初始化 StreamWriter 类的对象
StreamWriter(路径,编码,缓冲区大小)	用指定的编码及缓冲区大小,为指定的流初始化 StreamWriter 类的对象

参数说明:

(1)路径、编码、缓冲区大小的含义与前面介绍的语句参数相同。

(2)流:要进行写入操作的流对象。

(3)追加:布尔值,用于确定是否将数据追加到文件。如果文件存在,并且该参数为 false,则文件被改写。如果文件存在,并且该参数为 true,则数据被追加到该文件中。否则,将创建新文件。

2. StreamWriter 类的方法

创建 StreamWriter 对象后,就可以使用它提供的方法来读取文件中的数据。StreamWriter 类的常用方法如表 12-17 所示。

表 12-17 StreamWriter 类的常用方法

方法	说明
Close()	关闭当前的 StreamWriter 对象和基础流
Flush()	清理当前编写器的所有缓冲区,并使所有缓冲数据写入基础流
Write()	写入流
WriteLine()	写入重载参数指定的某些数据,后跟行结束符

例如:

```
StreamWriter sw=new StreamWriter("d:\\test.txt",true);
   //数据将追加到 d:\test.txt 中
sw.Write(textBox1.Text);                          //将文本框内容写入文件
```

sw.Close();

八、二进制文件读/写

C#使用 BinaryReader 类和 BinaryWriter 类对二进制文件进行读/写。

1. 创建 BinaryReader 对象

BinaryReader 类的常用构造函数如表 12-18 所示。

表 12-18　BinaryReader 类的常用构造函数

构造函数	说　明
BinaryReader(流)	基于所提供的流，用 UTF-8 编码初始化 BinaryReader 类的对象
BinaryReader(流,编码)	基于所提供的流和特定的字符编码，初始化 BinaryReader 类的对象

2. BinaryReader 类的方法

BinaryReader 类的常用方法如表 12-19 所示。

表 12-19　BinaryReader 类的常用方法

方　法	说　明
Close()	关闭当前阅读器及基础流
PeekChar()	返回下一个可用的字符，并且不提升字节或字符的位置
ReadBoolean()	读取 Boolean 值，并使该流的当前位置提升 1 字节
ReadByte()	读取下一个字节，并使该流的当前位置提升 1 字节
ReadBytes()	将 n 字节读入字节数组，并使当前位置提升 n 字节
ReadChar()	读取下一个字符
ReadChars()	将 n 个字符以字符数组的形式返回数据
ReadDecimal()	读取十进制数值，并将该流的当前位置提升 16 字节
ReadDouble()	读取 8 字节浮点值，并使流的当前位置提升 8 字节
ReadInt16()	读取 2 字节有符号整数，并使流的当前位置提升 2 字节
ReadInt32()	读取 4 字节有符号整数，并使流的当前位置提升 4 字节
ReadSByte()	读取 1 个有符号字节，并使流的当前位置提升 1 字节
ReadSingle()	读取 4 字节浮点值，并使流的当前位置提升 4 字节
ReadString()	读取一个字符串

九、二进制文件写

1. 创建 BinaryWriter 对象

BinaryWriter 类用于以二进制形式将基元类型写入流，BinaryWriter 类的常用构造函数如表 12-20 所示。

表 12-20　BinaryWriter 类的常用构造函数

构造函数	说　明
BinaryWriter()	初始化向流中写入的 BinaryWriter 类的对象
BinaryWriter(流)	用 UTF-8 作为字符串编码来初始化 BinaryWriter 类的对象
BinaryWriter(流,编码)	基于流和字符编码，初始化 BinaryWriter 类的对象

2. BinaryWriter 类的方法

创建 BinaryWriter 对象后，就可以使用它提供的方法来读取二进制文件中的数据。

BinaryWriter 类的常用方法如表 12-21 所示。

表 12-21　BinaryWriter 类的常用方法

方　法	说　明
Close()	关闭当前的 BinaryWriter 和基础流
Flush()	清理当前编写器的所有缓冲区，使所有缓冲数据写入基础设备
Seek()	设置当前流中的位置
Write()	将值写入当前流

任务实施

1. 程序代码

```
using System;
using System.Collections.Generic;
using System.Linq;
using System.Text;
using System.Threading.Tasks;
using System.IO;
namespace 12_2
{
    class Program
    {
        static void Main(string[] args)
        {
            StreamReader sr = new StreamReader(@"e:\a.txt",System.Text.Encoding.Default);
            StreamWriter sw = new StreamWriter(@"e:\b.txt", false, Encoding.GetEncoding("gb2312"));
            String line;
            while ((line = sr.ReadLine()) != null)
            {
                Console.WriteLine(line);
                sw.WriteLine(line);
            }
            sr.Close();
            sw.Flush();
            sw.Close();
            Console.ReadLine();
        }
    }
}
```

2. 程序分析

IO 操作需要使用 "using System.IO;" 添加命名空间。使用 StreamReader 和 StreamWriter 分别读文件 a 和写文件 b。需要注意编码问题，因为 a 文件内有中文字符，因此需要设置字符编码，否则会产生乱码。

3. 运行结果

运行程序前，需要先准备 a.txt 文件，并在文件内加上一段文字。

程序运行结果如图 12-2 所示。

图 12-2　程序运行结果

小 结

本单元主要包括的内容：文件和流的基本概念；对目录和文件进行读/写的类；对文件进行管理的类；重点是掌握不同类型文件的读/写方法，以及对文件进行创建、移动、删除的方法。

习 题

一、选择题

1. 下列 StreamWriter 对象的方法中，可以向文本文件写入一行带回车符和换行符的文本的方法是（ ）。
   A．WriteLine()   B．Write()   C．WritetoEnd()   D．Read()
2. 下列（ ）类可以用来读取文件中的内容。
   A．File   B．FileInfo   C．BinaryReader   D．TextWriter
3. C#可以使用（ ）对象来监控文件系统中某个文件夹的变化并做出反应。
   A．DirectoryInfo   B．Directory
   C．filesystemWatcher   D．File
4. 用 FileStream 打开一个文件时，可用 FileMode 参数控制（ ）。
   A．对文件覆盖、创建、打开等选项进行
   B．对文件进行只读、只写还是读/写
   C．其他 Filestream 对同一个文件所具有的访问类型
   D．对文件进行随机访问时的定位参考点

二、综合题

1. 编写程序，将一个文本文件内容连接到另一个文本文件内容后面，生成一个新的文本文件。
2. 在控制台下，从键盘输入字符串，将其中的小写字母全部转换为大写字母，输出到磁盘文件 D:\test.txt 中，按【Enter】键表示一个字符串的结束；如果不想再继续追加其他字符串，则按【N】键退出程序。要求如下：
   （1）如果该文件已经存在，则将后输入的字符串追加到文件末尾。
   （2）如果不存在，则创建文件后追加字符。

三、上机编程

1. 有两个磁盘文件 file1.txt 和 file2.txt，各存放一个字符串，现将这两个文件中的信息合并，然后转存到 file3.txt 磁盘文件中。
2. 从键盘输入 5 个学生的信息（包括学号、姓名、3 门课程成绩），计算出平均成绩，将原有的信息和计算出的平均分数存放在磁盘文件 d:\stud.dat 中。

单元十三

数据库编程

引言

ADO.NET 是支持数据库应用程序开发的数据访问中间件,对原来基于 COM 的数据访问模型有了全新的提升。ADO.NET 全面支持 XML 数据呈现,并且突破了 ADO 的限制,引入了断开式连接 DataSet,在与数据库断开连接的情况下调用程序集处理并更新它们的内容,然后使用管理数据适配器 DataAdapter 把修改后的内容更新到数据库。

要点

- 了解 ADO.NET 基本概念及组成和数据访问方式。
- 掌握通过 ADO.NET 访问数据库的流程。
- 掌握 Connection、Command、DataReader、DataAdapter、DataSet 对象的常用方法。
- 掌握数据绑定技术,使用数据绑定空间显示数据。

任务一 管理学生信息

任务描述

实现学生信息的"增、删、查"管理。例如,把学生张三的信息保存到数据库中的学生表中,然后删除张三的信息,并实现学生信息的显示。

任务分析

C#向数据库中添加、修改和删除数据,首先需要存在对应的数据库和数据表;其次需要连接数据库;然后插入、修改和删除数据;最后断开连接,释放资源。C#从数据库读取数据需要与添加操作过程类似,只是把数据的插入、修改和删除改为查询和处理数据。

基础知识

一、数据库

数据库可以存储、显示和更新数据,以方便用户使用,常见的数据库管理系统有:SQL Server、Oracle、DB2 和 MySQL 等。目前主要使用的数据库模型是关系数据库,关系数据库以行和列的形式来组织信息,一个关系数据库由若干个表组成,一个表就是一组相关的数据按行排列。

数据库可分为本地数据库和远程数据库,本地数据库和应用程序在同一系统中,也称为单层数据库。远程数据库通常位于远程计算机上,用户通过网络来访问远程数据库中的数据。

二、数据库连接

应用程序连接数据库的过程有以下3步:
(1)创建数据库连接。
(2)访问数据库,执行SQL语句。
(3)断开数据库连接。

三、Visual Studio 2013中创建连接

在VS开发工具的右侧除了具有解决方案资源管理器选项卡外,还具有服务器资源管理器选项卡,可以借助服务器资源管理选项卡来实现数据库的连接。

(1)右击"数据连接",在弹出的快捷菜单中选择"添加连接"命令。
(2)在弹出的"选择数据源"对话框中选择所需要的数据源。
(3)在弹出的"添加连接"对话框中,指定相应的服务器的名字。如果是本机作为服务器,直接在"服务器名"文本框中输入"."就可以了;如果所用的服务器是express版本,需要服务器的名字后加上"\sqlexpress"。选中相应的服务器后就可以在对话框下侧的"连接到一个数据库" 选项组中进行数据库的连接,该面板有两个单选按钮的选项,一个是"选择或输入一个数据库名",在下拉列表中可以选择该服务器上已经附加好的数据库,或直接输入该服务器上已经存在的某个数据库实例的名字,另外一个选项是"附加一个数据库文件",可以单击文本框右侧的浏览按钮,从本地或网络上选择一个需要附加的数据库实例。在通过两种方式的一种选定或附加好数据库后,就可以单击"测试连接"按钮,如果设置正确,会弹出"测试连接成功"提示框。

连接成功后会在"服务器资源管理器"选项卡中看到,而且右击后,在弹出的快捷菜单中可以直接执行"新建表"等一系列对表的操作。

选中新创建的连接就可以在属性选项卡中看到自动形成的连接字符串,连接字符串的值为Data Source=.\sqlexpress;Initial Catalog=StudentDB;Integrated Security=True。

四、ADO.NET概念

ADO.NET是Microsoft公司开发的关于数据库连接的一整套组件模型,主要功能是在.NET Framework平台上存取数据。

ADO.NET提供的对象模型可以方便地存取和编辑各种数据源的数据,即对这些数据源提供一致的数据处理方式。

五、ADO.NET组件的体系结构

ADO.NET组件的表现形式是.NET的类库,它拥有两个核心组件:.NET Data Provider(数据提供者)和DataSet(数据结果集)对象。

.NET Data Provider是专门为数据处理以及快速地读/写和访问数据而设计的组件,包括Connection、Command、DataReader和DataAdapter四大类对象,其主要功能是:

（1）在应用程序里连接数据源与数据库服务器。
（2）通过 SQL 语句的形式执行数据库操作，并能以多种形式把查询到的结果集填充到 DataSet 里。

六、ADO.NET 对象模型

ADO.NET 对象模型中有 5 个主要的数据库访问和操作对象，分别是 Connection、Command、DataReader、DataAdapter 和 DataSet 对象。

（1）Connection 对象主要负责连接数据库。
（2）Command 对象主要负责生成并执行 SQL 语句。
（3）DataReader 对象主要负责读取数据库中的数据。
（4）DataAdapter 对象主要负责在 Command 对象执行完 SQL 语句后生成并填充 DataSet 和 DataTable。
（5）DataSet 对象主要负责存取和更新数据。

SQL Server.NET Provider 是 ADO.NET 最主要、最重要的数据提供者（Data Provider），对应的类有：SqlConnection、SqlCommand、SqlDataReader、SqlDataApter 和 SqlDataSet。SQL Server.NET Provider 数据提供程序使用它自身的协议与 SQL Server 数据库服务器通信。

七、ADO.NET 数据库的访问流程

对数据库的操作主要有插入数据、删除数据、修改数据和查询数据几种操作。即通常所说的"增、删、改、查"，在 C#下对数据库的操作主要有以下两种模式：

（1）使用 Connection、Command 与 DataReader 对象对数据库进行操作，称为连接式数据访问方式。
（2）使用 Connection、Command、DataAdaper 和 DataSet 对象对数据库进行操作，称为非连接式数据访问方式。

八、Connection 对象属性

Connection 对象负责管理与数据源的连接，常用的属性如表 13-1 所示。

表 13-1 Connection 常用属性

属 性	说 明
ConnectionString	数据库的字符串
ConnectionTimeout	尝试建立连接时终止尝试，并生成错误之前所等待的时间
DataBase	当前数据库或连接打开后要使用的数据库的名称
DataSource	数据源实例名称
State	数据库的连接状态

ConnectionString 属性：该属性用来设置或获取用于打开数据库的字符串，在 ConnectionString 连接字符串里，一般需要指定将要连接数据源的种类、数据库服务器的名称、数据库名称、登录用户名、密码、等待连接时间、安全验证设置等参数信息，例如：

```
server=(localhost);Initial Catalog= Stu;User Id=sa; Password=123456;
   Data  Source=(localdb)\v11.0;Integrated  Security=true;  AttachDbFile
Name = C:\MyData\Database1.mdf;
```

（1）Server 参数：用来指定需要连接的数据库服务器，比如 Server=(localhost)，指定连接的数据库服务器是在本地，也可以写成"Server=."；如果本地的数据库还定义了实例名，Server 参数可以写成"Server=(localhost)\实例名"。另外，可以使用计算机作为服务器的值。如果连接的是远端的数据库服务器，Server 参数可以写成 Server=IP 或"Server=远程计算机名"的形式。Server 参数也可以写成 Data Source，比如 Data Source=IP。

（2）Data Source 参数：用来指定连接的数据库名。

（3）User ID 参数：用来指定登录数据源的用户名，也可以写成 Uid。

（4）Password 参数：用来指定连接数据源的密码，也可以写成 Pwd。

（5）Integrated Security 参数：用来说明登录到数据源时是否使用 SQL Server 的集成安全验证。如果该参数的取值是 True（或 SSPI，或 Yes），表示登录到 SQL Server 时使用 Windows 验证模式，即不需要通过 Uid 和 Pwd 这样的方式登录。

（6）(localdb)\v11.0：表示使用 LocalDB 数据库。

（7）AttachDbFileName：表示数据库文件位置。

九、Connection 对象构造方法

SqlConnection 类构造函数有两种格式：

（1）SqlConnection()是不带参数的构造函数，用来创建 SqlConnection 对象。

（2）SqlConnection(string connectionstring)是以连接字符串作为参数的构造函数，用来根据连接字符串，创建 SqlConnection 对象。

十、连接关闭

关闭连接代码：

```
conn.Close();
```

> 注意：
> 只有当一个连接关闭以后才能把另一个不同的连接字符串赋值给同一个 Connection 对象。

十一、Command 对象

Command 对象主要用来执行 SQL 语句。Command 对象对数据进行"增、删、改、查"。Command 对象由 Connection 对象创建，其连接的数据源也将由 Connection 来管理。

十二、Command 构造函数

Command 构造函数说明如表 13-2 所示。

表 13-2 SqlCommand 类构造函数

函 数 定 义	参 数 说 明
SqlCommand()	不带参数
SqlCommand(string cmdText)	cmdText：SQL 语句字符串
SqlCommand(string cdmText, SqlConnection connection)	cmdText：SQL 语句字符串 connection：连接到的数据源
SqlCommand(string cdmText, SqlConnection connection, SqlTransaction transaction)	cmdText:SQL 语句字符串 connection：连接到的数据源 transaction：事务对象

除了用以上构造函数创建对象外，Connection 对象提供了一个 CreateCommand 方法，它可以实例化一个 Command 对象，并将其连接属性赋给创建当前 Command 对象的 Connection 对象。

十三、Command 方法

SqlCommand 提供了 4 个执行方法：ExecuteNonQuery()、ExecuteScalar()、ExecuteReader()、ExecuteXmlReader()。常用方法如表 13-3 所示。

表 13-3　Command 常用方法

方　法	含　义
ExecutedNonQuery()	对连接执行 SQL 语句并返回受影响的行数
ExecutedReader()	执行查询，将查询结果返回到数据读取器（DataReader）中
ExecutedScalar()	执行查询，并返回查询所返回的结果集中第一行的第一列
ExecutedXmlReader()	执行查询，将查询结果返回到一个 XmlReader 对象中

从上表的含义中可以看到 ExecuteReader()方法是上述方法中使用最广泛的方法，ExecuteReader()方法用于执行命令，并使用结果集填充 DataReader 对象。

Command 对象由 Connection 对象创建，其连接的数据源也将由 Connection 来管理。而使用 Command 对象的 SQL 属性获得的数据对象，将由 DataReader 和 DataAdapter 对象填充到 DataSet 里，从而完成对数据库数据操作的工作。

十四、DataReader

DataReader 对象用于从数据源最中读取向前的、只读的数据流，是一个简易的数据集，使用它读取记录时通常比从 DataSet 中读取更快。DataReader 对象是在 Command 对象的 ExecuteReader()方法从数据源中检索数据时创建的。

要想获得 DataReader 对象中的数据，必须组合使用 DataReader 对象的 Read()方法和 Get()方法。Read()方法用于移动记录指针到下一行数据，Get()方法可以获得当前行的每一列信息，例如 GetDateTime、GetDouble、GetGuid、GetInt32 等。这些方法要求使用列的名称或索引值，以确定获得哪一列的信息。

注意：

（1）不能用 DataReader 修改数据库中的记录，它是采用向前的、只读的方式读取数据库。

（2）当使用数据阅读器时，必须保持连接处于打开状态。

（3）数据阅读器使用底层的连接，连接是它专有的。

DataReader 需要调用 Command 对象的 ExecuteReader()方法中返回一个 DataReader 实例。

十五、DataReader 遍历与读取

当 ExecuteReader 方法返回 DataReader 对象时，当前光标的位置在第一条记录的前面。调用阅读器的 Read()方法把光标移动到第一条记录，然后，第一条记录将变成当前记录。如果数据阅读器所包含的记录不止一条，Read()方法就返回一个 Boolean

值 true。想要移到下一条记录，需要再次调用 Read()方法。重复上述过程，直到最后一条记录时 Read()方法将返回 false。经常使用 while 循环来遍历记录：

```
while (reader.Read())
{
    //读取数据
}
```

只要 Read()方法返回的值为 true，就可以访问当前记录中包含的字段。

ADO.NET 提供了两种方法访问记录中的字段。

（1）第一种是 Item 属性，此属性返回由字段索引或字段名指定的字段值。例如：

```
Object  sno= reader["学号"];
Object  sno= reader[0];
```

（2）第二种方法是 Get()方法，此方法返回由字段索引指定字段的值。例如：

```
int sno=reader.Getint32(0);
string name=reader.GetString(1);
```

任务实施

Step1：安装 SQL Server 2012 express。单击"安装程序"，打开"SQL Server 安装中心"界面，如图 13-1 所示。

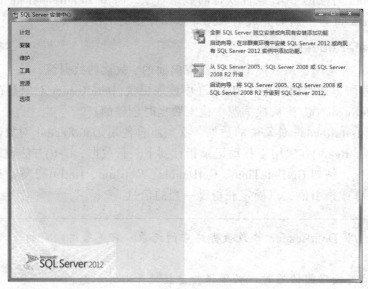

图 13-1 安装中心

Step2：选择全新安装，打开"许可条款"界面，如图 13-2 所示。

Step3：选中"接受条款"，单击"下一步"按钮，进入"产品更新"界面，如图 13-3 所示。

Step4：选中"接受条款"，单击"下一步"，进入"安装程序文件"界面，如图 13-4 所示。

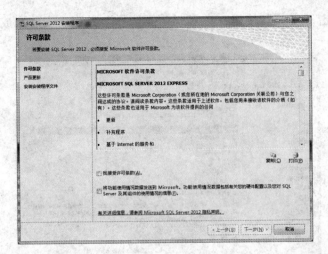

图 13-2　许可条款

图 13-3　产品更新

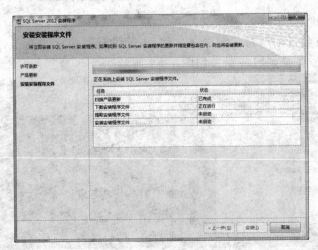

图 13-4　安装程序文件

Step5：单击"安装"按钮，进入"功能选择"界面，安装完成界面如图 13-5 所示。

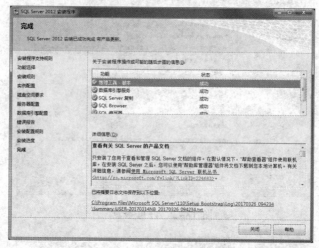

图 13-5　安装完成

Step6：选择"开始"→"所有程序"→"Microsoft SQL Server 2012"→"SQL Server Management Studio"，打开 SQL Server 客户端，连接服务器，如图 13-6 所示。

图 13-6　登录界面

Step7：一般会自动填写"数据库名称"，若没有则输入".\sqlexpress"即可；单击"连接"按钮，登录到服务器，如图 13-7 所示。

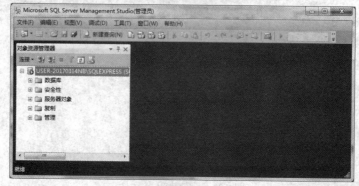

图 13-7　登录成功

Step8：选中"数据库"右击，选择"添加数据库"命令，打开"新建数据库"界面，如图 13-8 所示。

图 13-8 添加数据库

Step9：输入数据库名称 studentDB，单击"确定"按钮，创建数据库，如图 13-9 所示。

Step10：右击"表"，选择"添加表"，打开"表设计"界面，输入列名和数据类型，如图 13-10 所示。

图 13-9 添加表

图 13-10 添加列

Step11：右击 sno 列，选择"设置主键"命令，如图 13-11 所示。

Step12：保存数据表，输入 student 表名，单击"确定"按钮，如图 13-12 所示。

Step13：同理创建 depart 表。刷新数据库，可以看到 Student 表和 depart 表，如图 13-13 所示。

Step14：向 depart 表输入数据，如图 13-14 所示。

图 13-11 设置主键

图 13-12 设置表名

图 13-13 添加表后的数据库

图 13-14 添加 depart 表数据

Step15：向 student 表输入数据，如图 13-15 所示。

sno	name	gender	age	depart
2017030501	高俊武	男	20	jx
2017030502	王洁如	女	18	jsj
2017030503	牛莉莉	女	19	sw
NULL	NULL	NULL	NULL	NULL

图 13-15 添加 student 表数据

Step16：编写 Student 类，代码如下。

```
using System;
using System.Collections.Generic;
using System.Linq;
using System.Text;
using System.Threading.Tasks;
namespace _13_1
{
    class Student
    {
        public string Sno
        {
            get; set;
        }
```

```
        public string Name
        {
            get; set;
        }
        public string Gender
        {
            get; set;
        }
        public int Age
        {
            get; set;
        }
        public string Depart
        {
            get; set;
        }
    }
}
```

Step17：在 Program 类中编写代程序，代码如下。

```
using System;
using System.Collections.Generic;
using System.Linq;
using System.Text;
using System.Threading.Tasks;
using System.Data.SqlClient;
namespace _13_1
{
    class Program
    {
        static void Main(string[] args)
        {
            while (true)
            {
                Console.WriteLine("请输入操作:");
                Console.WriteLine("1: 添加");
                Console.WriteLine("2: 删除");
                Console.WriteLine("3: 查看");
                Console.WriteLine("4: 退出");
                string op = Console.ReadLine();
                switch (op)
                {
                    case "1":
                        StudentAdd();
                        break;
                    case "2":
                        StudentRemove();
                        break;
                    case "3":
                        List<Student> ls = StudentFind();
```

```csharp
                    Console.WriteLine("学号, 姓名, 性别, 年龄, 学院");
                    foreach (Student s in ls)
                    {
                        Console.WriteLine("{0}, {1}, {2}, {3}, {4}", s.Sno, s.Name, s.Gender, s.Age, s.Depart);
                    }
                    break;
                case "4":
                    Environment.Exit(0);
                    break;
            }
        }
    }
    private static void StudentAdd()
    {
        Console.WriteLine("请输入学号: ");
        string sno = Console.ReadLine();
        Console.WriteLine("请输入姓名: ");
        string name = Console.ReadLine();
        Console.WriteLine("请输入性别: ");
        string gender = Console.ReadLine();
        Console.WriteLine("请输入年龄: ");
        string age = Console.ReadLine();
        Console.WriteLine("请输入学院: ");
        string depart = Console.ReadLine();
        string sql = "insert into student values('"+sno+"','"+name+"','"+gender+"','"+age+"','"+depart+"')";
        string connStr = @"Data Source=.\sqlexpress;DATABASE=studentDB;Integrated Security=True";
        SqlConnection conn = new SqlConnection(connStr);
        SqlCommand cmd = new SqlCommand(sql,conn);
        conn.Open();
        cmd.ExecuteNonQuery();
        conn.Close();
    }
    private static void StudentRemove()
    {
        Console.WriteLine("请输入学号: ");
        string sno = Console.ReadLine();
        string sql = "delete from student where sno='"+sno+"'";
        string connStr = @"Data Source=.\sqlexpress;DATABASE=studentDB;Integrated Security=True";
        SqlConnection conn = new SqlConnection(connStr);
        SqlCommand cmd = new SqlCommand(sql, conn);
        conn.Open();
        cmd.ExecuteNonQuery();
        conn.Close();
    }
    private static List<Student> StudentFind()
    {
```

```
            string sql = "select * from student";
            string connStr = @"Data Source=.\sqlexpress;DATABASE=
studentDB;Integrated Security=True";
            SqlConnection conn = new SqlConnection(connStr);
            SqlCommand cmd = new SqlCommand(sql, conn);
            conn.Open();
            SqlDataReader sdr = cmd.ExecuteReader();
            List<Student> ls = new List<Student>();
            while (sdr.Read())
            {
                Student student = new Student();
                student.Sno = sdr["sno"].ToString();
                student.Name = sdr["name"].ToString();
                student.Gender = sdr["gender"].ToString();
                student.Age = int.Parse(sdr["age"].ToString());
                student.Depart = sdr["depart"].ToString();
                ls.Add(student);
            }
            conn.Close();
            return ls;
        }
    }
}
```

Step18：执行程序，输入"3"后按【Enter】键，运行结果如图13-16所示。

Step19：输入"1"后按【Enter】键；输入学号、姓名等信息；输入"3"后按【Enter】键，可以看到数据表中多了一条记录，如图13-17所示。

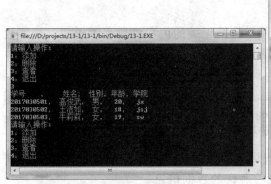

图13-16　查看数据　　　　　　　图13-17　添加数据

Step20：输入"2"后按【Enter】键；输入2017030504后按【Enter】键；输入"3"后按【Enter】键，可以看到学号2017030504的学生已经被删除了，如图13-18所示。

图 13-18 删除数据

任务二 使用数据适配器实现学生信息管理

任务描述

在 Form 表单中实现数据的"增、删、改、查"管理。

任务分析

本项目任务一中，使用 DataReader 读取数据，使用 Command 执行插入、修改和删除操作，实现了学生信息的管理。除此以外，ADO.NET 还提供了功能更加强大的 DataAdpter（数据适配器）对象，其配合 DataSet 对象，可以简化开发，降低开发难度，提升开发效率。

基础知识

一、DataSet 对象

DataSet 即数据集，为数据提供了一种与数据无关的内存驻留表示形式。这些数据通过合适的 DataAdapter 来显示和更新后台数据库。DataSet 类也可以从 XML 文件和 Stream 对象中读取。

通过在数据集中插入、修改、删除 DataTable、DataColumns 和 DataRows，可以编程实现构建和操作数据集。也可以用这样的数据集更新后台数据库，只要使用数据集中的 Update 方法即可。

DataSet 对象可以用来存储从数据库查询到的数据结果，由于 DataSet 对象具有离线访问数据库的特性，所以它更能用来接收海量的数据信息。

由于 DataSet 独立于数据源，DataSet 既可以包含应用程序本地的数据，也可以包含来自多个数据源的数据。它与现有数据源的交互通过 DataAdapter 来控制。

二、DataSet 对象模型

DataSet 对象包含了 DataTable 和 DataRelation 类型的对象。

DataTable 用来存储一张表里的数据，其中的 DataRows 对象用来表示表的字段结构以及表里的一条数据。而 DataRelation 类型的对象则用来存储 DataTable 之间的约束关系。

DataSet 对象可以看作是数据库在应用代码里的映射,通过对 DataSet 对象的访问,可以完成对实际数据库的操作。

DataTable 常用属性如表 13-4 所示。

表 13-4 DataTable 常用属性

属 性	说 明
TableName	用来获取或设置 DataTable 的名称
DataSet	用来表示该 DataTable 从属于哪个 DataSet
Rows	用来表示该 DataTable 的 DataRow 对象的集合
Columns	用来表示该 DataTable 的 DataColumn 对象的集合

Rows 的常用方法如表 13-5 所示。

表 13-5 Rows 的常用方法

方 法	说 明
Add()	把 DataTable 的 AddRow()方法创建的行追加到末尾
InsertAt()	把 DataTable 的 AddRow()方法创建的行追加到索引号指定的位置
Remove()	删除指定的 DataRow 对象,并从物理上把数据源里的数据删除
RemoveAt()	根据索引号,直接删除数据

三、DataTable 具有以下常用方法

(1) DataRow NewRow()方法:该方法用来为当前的 DataTable 增加一个新行,返回表示行记录的 DataRow 对象。

(2) DataRow [] Select()方法:该方法执行后,会返回一个 DataRow 对象组成的数组。

(3) void Merge(DataTable table)方法:该方法能把参数中的 DataTable 和该 DataTable 合并。

(4) void Load(DataReader reader)方法:通过参数里的 DataReader 对象,把对应数据源里的数据装载到 DataTable 里。

(5) void Clear()方法:该方法用来清除 DataTable 里的数据。

(6) void Reset()方法:该方法用来重置 DataTable 对象。

四、DataColumn 和 DataRow 对象

DataColumn 对象描述对应数据表的字段,DataRow 对象描述对应数据库的记录。

值得注意的是,DataTable 对象一般不对表的结构进行修改,所以一般只通过 Column 对象读列。例如,通过 DataTable.Table[TableName].Column[columnName]来获取列名。

DataColumn 对象的常用属性如表 13-6 所示。

表 13-6 Data Column 对象的常用属性

属 性	说 明
Caption	列的标题
ColumnName	DataColumn 在 DataColumnCollection 中的名字
DataType	该列中数据的类型

在 DataTable 里，用 DataRow 对象来描述对应数据库的记录。DataRow 对象和 DataTable 里的 Rows 属性相似，都用来描述 DataTable 里的记录。

DataRow 对象的重要属性有 RowState 属性，用来表示该 DataRow 是否被修改以及修改方式。RowState 属性可以取的值有 Added、Deleted、Modified 或 Unchanged。

而 DataRow 对象有以下重要方法，如表 13-7 所示。

表 13-7　DataRow 对象的重要方法

方　　法	说　　明
void AcceptChanges()	向数据库提交对该行的所有修改
void Delete()	删除当前的 DataRow 对象
void SetAdded()	把 DataRow 对象设置成 Added
void SetModified()	把 DataRow 对象设置成 Modified
void BeginEdit()	对 DataRow 对象开始编辑操作
void cancelEdit()	取消对当前 DataRow 对象的编辑操作
void EndEdit()	终止对当前 DataRow 对象的编辑操作

使用 DataTable、DataColumn 和 DmaRow 对象访问数据的方式有 3 种：
（1）使用 Table 名和 Table 索引来访问 DataTable。
（2）使用 Rows 属性访问数据记录。
（3）使用 Rows 属性，访问指定行的指定字段。

五、使用 DataSet 对象访问数据库

当对 DataSet 对象进行操作时，DataSet 对象会产生副本，所以对 DataSet 里的数据进行编辑操作不会直接对数据库产生影响，而是将 DataRow 的状态设置为 added、deleted 或 changed，最终的更新数据源动作将通过 DataAdapter 对象的 update() 方法来完成。

DataSet 对象的常用方法如表 13-8 所示。

表 13-8　DataSet 对象的常用方法

方　　法	说　　明
void AcceptChanges()	提交 DataSet 里的数据变化
void clear()	清空 DataSet 里的内容
DataSet copy()	把 DataSet 的内容复制到其他 DataSet 中
DataSet GetChanges()	获得 DataSet 里被更改后的数据行，并把这些行填充到 DataSet 里
bool HasChanges()	DataSet 在创建后或执行 AcceptChanges 后是否发生变化
void RejectChanges()	撤销 DataSet 自从创建或调用 AcceptChanges() 方法后的所有变化

六、填充

通过 DataAdapter 对象，向 DataSet 中填充数据的一般过程如下：
（1）创建 DataAdapter 和 DataSet 对象。
（2）使用 DataAdapter 对象，为 DataSet 产生一个或多个 DataTable 对象。
（3）DataAdapter 对象将从数据源中取出的数据填充到 DataTable 中的 DataRow 对

象里，然后将该 DataRow 对象追加到 DataTable 对象的 Rows 集合中。

（4）重复第（2）步，直到数据源中所有数据都已填充到 DataTable 里。

（5）将第 2 步产生的 DataTable 对象加入 DataSet。

例如：

```
private static string strConnect="data source=localhost; uid=sa;
pwd=123; database=stu"
string sqlstr="select*from student";
SqlDataAdapter da=new SqlDataAdapter(sqlstr, strConnect);
DataSet ds=new DataSet();
da.Fill(ds, "student" );
```

七、更新

通过 DataAdapter 对象，向数据库更新数据的一般过程如下：

（1）创建 DataAdapter 和 DataSet 对象，并用 DataAdapter 的 SQL 语句生成的表填充到 DataSet 的 DataTable 中。

（2）使用 DataTable 对表进行操作，例如做增、删、改、查等动作。

（3）使用 DataAdapter 的 update 语句将更新后的数据提交到数据库中。

例如：

```
private static string strConnect=" data source=localhost; uid=sa;
pwd=123456; database=Stu"
string sqlstr="select*from student";
SqlDataAdapter da=new SqlDataAdapter(sqlstr, strConnect);
DataSet ds=new DataSet();
da.Fill(ds, "STUDENT" );
DataRow dr=ds.Tables["STUDENT"].NewRow();
dr["STUID"]="2017030501";
dr["STUNAME"]="张芳静";
ds.Tables["STUDENT "].Rows.Add(dr);
SqlCommandBuilder scb=new SqlCommandBuilder(da);
da.update(ds, " student");
```

首先使用 DataAdapter 填充 DataSet 对象，然后通过 DataRow 对象，向 DataSet 添加一条记录，最后使用 DataSet 的 update()方法将添加的记录提交到数据库中。执行完 update 语句，数据库中就多了一条记录。

SqlCommandBuilder 对象用来对数据表进行操作，用了这个对象，就不必再烦琐地使用 DataAdapter 的 UpdataCommand 属性来执行更新操作。

八、DataAdpter 对象

DataAdpter 对象主要用来连接 Connection 和 DataSet 对象。DataSet 对象只关心访问操作数据，而 Connection 对象只负责数据库连接，所以使用 DataAdapter 对象来连接 Connection 和 DataSet 对象。

DataAdapter 对象的两种工作：一种是通过 command 对象执行 SQL 语句，将获得的结果集填充到 DataSet 对象中；另一种是将 DataSet 里更新数据的结果返回到数据库中。

dataAdapter 对象可以读取、添加、更新和删除数据源中的记录。对于每种操作的执行方式，适配器支持以下 4 个属性，类型都是 Command，分别用来管理数据操作的

"增""删""改""查"动作。

（1）SelectCommand 属性：该属性用来从数据库中检索数据。

（2）InsertCommand 属性：该属性用来向数据库中插入数据。

（3）DeleteCommand 属性：该属性用来删除数据库里的数据。

（4）UpdateCommand 属性：该属性用来更新数据库里的数据。

同样，可以使用上述方式给其他的 InsertCommand、DelectCommand 和 UpdateCommand 属性赋值。

当在代码里使用 DataAdapter 对象的 SelectCommand 属性获得数据表的连接数据时，如果表中数据有主键，就可以使用 CommandBuilder 对象来自动为这个 DataAdapter 对象隐式地生产其他 3 个 InsertCommand、DeleteCommand 和 UpdateCommand 属性。

九、DataAdapter 对象的常用方法

DataAdapter 对象主要用来把数据源的数据填充到 DataSet 中，以及把 DataSet 里的数据更新到数据库。

1. 构造函数

SqlDataAdapter 类的构造函数如表 13-9 所示。

表 13-9　SqlDataAdapter 类的构造函数

函 数 定 义	参 数 说 明
SqlDataAdapter()	不带参数
SqlDataAdapter(Sql CommandselectCommand)	指新创建对象的 SelectCommand 属性
SqlDataAdapter(string selectCommandText, SqlConnection selectConnection)	selectCommandText：创建对象的 SelectCommand 属性值 selectConnection：指定连接对象
SqlDataAdapter(string selectCommandText, Srtring selectConnectionString)	selectCommandText：创建对象的 SelectCommand 属性值 selectConnectionString：指定新创建对象的连接字符串

2. Fill()方法

当调用 Fill()方法时，它将向数据存储区传输一条 SELECT 语句。该方法主要用来填充或刷新 DataSet，返回值是影响 DataSet 的行数。该方法的常用定义如表 13-10 所示。

表 13-10　DataAdapter 类的 Fill()方法说明

函 数 定 义	参 数 说 明
int Fill(DataSet dataset)	dataset：更新的 DataSet
int Fill(DataSet dataset, string srcTable)	dataset：更新的 DataSet，srcTable：填充 DataSet 的 Table 名

3. int Update(DaraSetdataSet)方法

当程序调用 Update()方法时，DataAdapter 将检查参数 DataSet 每一的 RowState 属性，根据 RowState 属性来检查 DataSet 里的每行是否改变，并依次执行所需的 INSERT、UPDATE 或 DELETE 语句，将改变提交到数据库中。Update 方法会将更改解析回数据源。

十、DataGridView

通过 DataGridView 控件，可以显示和编辑表格式的数据，而这些数据可以取自多

种不同类型的数据源。

DataGridView 控件具有很高的可配置性和可扩展性，提供了大量的属性、方法和事件，可以用来对该控件的外观和行为进行自定义。当需要在 WinForm 应用程序中显示表格式数据时，可以优先考虑 DataGridView。如果要在小型网格中显示只读数据，或者允许用户编辑数以百万计的记录，DataGridView 将提供一个易于编程和良好性能的解决方案。

DataGridView 控件具有极高的可配置性和可扩展性，它提供有大量的属性、方法和事件，可以用来对该控件的外观和行为进行自定义。若要以小型网格显示只读值，或者若要使用户能够编辑具有数百万条记录的表，DataGridView 控件将提供可以方便地进行编程，以及有效地利用内存的解决方案。

使用 DataGridView 控件，可以显示和编辑来自多种不同类型的数据源的表格数据。

将数据绑定到 DataGridView 控件非常简单和直观，在大多数情况下，只需设置 DataSource 属性即可。在绑定到包含多个列表或表的数据源时，只需将 DataMember 属性设置为指定要绑定的列表或表的字符串即可。

DataGridView 控件支持标准 Windows 窗体数据绑定模型，支持任何实现 IList 接口、IListSource 接口、IBindingList 接口和 IBindingListView 接口的类。

任务实施

Step1：创建 Windows 应用程序项目。
Step2：设置 Form1 的属性：宽度为 572，高度为 422。
Step3：在 Form1 上拖放控件后设置属性，控件的属性设置如表 13-11 所示。

表 13-11 空间属性设置

控 件	Name 属性	Text 属性
Label1		姓名：
Textbox1	TxbName	
Button1	btnFind	查询
Button2	btnDel	删除
Button3	btnSave	保存

Step4：在 Form1 上拖放一个 DataGridView 数据控件，并设置宽度和高度分别为：550 和 300。Form1 图 13-19 所示。

Step5：添加命名空间，代码如下。

```
using System.Data.SqlClient;
```

Step6：双击 Form1，进入代码窗口，在 Form1 类中编写代码如下。

```
private SqlConnection conn;
private SqlCommand cmd;
private SqlDataAdapter sda;
```

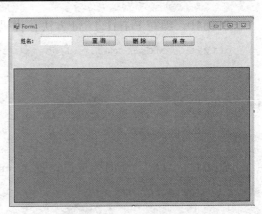

图 13-19 界面设计

```
private DataSet ds;
```

Step7：在Form1类中编写getConnection方法，代码如下。

```
private void getConnection()
{
    string connStr = @"Data Source=.\sqlexpress;DATABASE=studentDB;Integrated Security=True";
    conn = new SqlConnection(connStr);
}
```

Step8：在Form1类中编写StudentFind方法，代码如下。

```
private void StudentFind(string name)
{
    string sql = "select * from student where 1=1";
    StringBuilder sb = new StringBuilder(sql);
    if (name != null && name != "")
    {
        sb.Append(" and name like '%").Append(name).Append("%'");
    }
    cmd = new SqlCommand(sb.ToString(), conn);
    sda = new SqlDataAdapter(cmd);
    ds = new DataSet();
    sda.Fill(ds, "student");
}
```

Step9：在Form类中编写SetTableHeader方法，代码如下。

```
private void SetTableHeader()
{
    this.dataGridView1.Columns[0].HeaderText = "学号";
    this.dataGridView1.Columns[0].Width = 100;
    this.dataGridView1.Columns[1].HeaderText = "姓名";
    this.dataGridView1.Columns[1].Width = 80;
    this.dataGridView1.Columns[2].HeaderText = "性别";
    this.dataGridView1.Columns[2].Width = 80;
    this.dataGridView1.Columns[3].HeaderText = "年龄";
    this.dataGridView1.Columns[3].Width = 80;
    this.dataGridView1.Columns[4].HeaderText = "学院";
    this.dataGridView1.Columns[4].Width = 160;
}
```

Step10：编写Form1_Load方法，代码如下。

```
private void Form1_Load(object sender, EventArgs e)
{
    this.getConnection();
    this.StudentFind(null);
    this.dataGridView1.DataSource = ds.Tables[0];
    this.SetTableHeader();
}
```

Step11：双击"查询"按钮，进入btnFind_Click事件方法，编写代码如下。

```
private void btnFind_Click(object sender, EventArgs e)
{
```

```
    string name = this.tbxName.Text;
    this.StudentFind(name);
    this.dataGridView1.DataSource = ds.Tables[0];
}
```

Step12：双击"删除"按钮，进入 btnDel_Click 事件方法，编写代码如下。

```
private void btnDel_Click(object sender, EventArgs e)
{
    int index = this.dataGridView1.CurrentRow.Index;
    this.dataGridView1.Rows.RemoveAt(index);
}
```

Step13：双击"保存"按钮，进入 btnSave_Click 事件方法，编写代码如下。

```
private void btnSave_Click(object sender, EventArgs e)
{
    SqlCommandBuilder scb = new SqlCommandBuilder(sda);
    if (ds.HasChanges())
    {
        try
        {
            sda.Update(ds, "student");
            MessageBox.Show("保存成功", "提示");
        }
        catch (SqlException ex)
        {
            MessageBox.Show(ex.Message);
        }
    }
}
```

Step14：运行程序，界面效果如图 13-20 所示。

Step15：录入两个学生信息，单击"保存"按钮，提示"保存成功"，如图 13-21 所示。

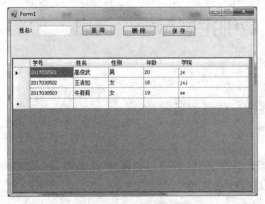

图 13-20　执行程序界面

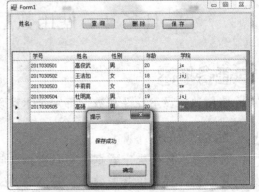

图 13-21　添加数据

Step16：姓名输入框中输入"高"，单击"程序"按钮，查询结果如图 13-22 所示。

Step17：选中学号为 2017030501 的学生，单击"删除"按钮；修改学号为

2017030505 的学生信息，单击"保存"按钮，提示"保存成功"，如图 13-23 所示。

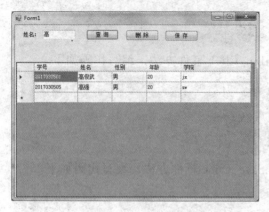
图 13-22 查询数据

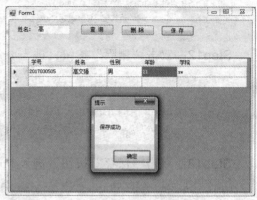
图 13-23 修改和删除数据

Step18：清空查询条件中的姓名输入框，单击"查询"按钮，显示目前数据库中所有学生信息，如图 13-24 所示。

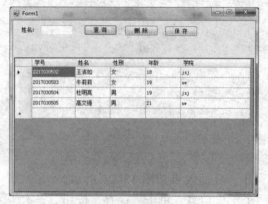
图 13-24 查询结果

任务三　使用数据源绑定展示学生信息

任务描述

使用数据显示控件和数据绑定技术实现学生信息的展示功能。

任务分析

数据显示控件绑定数据源显示数据，自动生产 SQL 语句，实现数据的展示。降低了开发门槛，提升了开发效率，是.NET 技术的优势所在。

基础知识

一、数据绑定

数据绑定是指数据源元素与图形界面的接口技术，在应用程序中使用数据绑定减少了为从数据对象检索数据而必须编写的代码量。

Windows 数据绑定控件（如 Label、Button 或 TextBox）能够绑定数据。

控件的 DataBinding 属性可以使用 Add()方法添加其中的每个属性。Add()方法有 3 个参数。

（1）第一个参数是控件属性的名称，如 TextBox 控件的 Text 属性或者 DataGrid 控件的 DataSource 属性。

（2）第二个参数是实现了表 ICollection、IListSource 和 ITypedList 接口的类。

（3）第三个参数描述数据源中的数据成员。它是必须能转化为值的字符串文字，如使用 DataSet 时要用根据表名称所选的列。

二、简单数据绑定

简单数据绑定是指每个控件属性与数据源的单一元素之间的一对一关系。简单数据绑定可用于一次显示一个值的控件。例如，TextBox 控件的 Text 属性，把它绑定到 DataTable 中的一个列。如果修改了底层的数据源，则调用空间的 Refresh()方法更新绑定过的数据源，反应所发生的变化。

三、复杂数据绑定

复杂数据绑定指将控件绑定到集合。例如，DataGridView 具有可设置为整个 DataSet 或 Array 的 DataSource 属性。DataGrid 从 DataSource 中提取信息并显示它。ListBox 和 ComboBox 可以用于复杂数据绑定。若要将数据绑定到所显示的项的列表，设置 ComboBox 的 DataSource 和 DataMember 属性。DisplayMember 属性用于确定在 ComboBox 中显示 State 对象的哪个属性。

四、数据源的类型

1. 数组作为数据源

在大多数情况下，Array 最适合存储和检索一致的数据。数组在运行时支持对数据的处理，且容易在代码中通过 ICollection 接口使用。例如：

```
String [] book = new String [] {"C#程序设计","2017年6月","43.00元"};
textBox1,DataBindings.Add("Text",book,null);
```

2. 数据表作为数据源

DataTable 数据源既可用于简单数据绑定，也可用于复杂数据绑定。把 DataTable 绑定到控件可以有两种方式：一种是把整个表绑定到支持复杂绑定的控件上（可以一次显示多个记录的控件）；另一种是把列绑定到支持简单绑定的控件上。例如：

```
DataTable myTable = ds.Tables["Employees"];
listBox1.DataSource= myTable;
listBox1.DisplayMembeer="FirstName";
```

3. 数据集作为数据源

数据集 DataSet 类实现 IListSource 接口。因为 DataSet 的数据绑定快速而直观，而且可以实现与数据源断开连接。这使它成为数据绑定控件的重要数据源之一。

```
Da.Fill(ds, "Products");
textBox1.DataBindings.Add("Text", ds,"Products.ProductName");
```

```
textBox2.DataBindings.Add("Text", ds,"Products. UnitPrice");
```

4. 数据视图作为数据源

DataView 类实现 ItypedList 接口，提供 DataTable 的可定制视图。绑定到 DataView 对象，像绑定 DataTable 对象一样简单，因为 DataView 提供了 DataTable 内容的动态视图。事实上，通过实现定制排序和筛选，使用 DataView 可以对所显示的数据提供进一步的控制。

```
da.Fill(ds, "Employees");
DataTable myTable=ds.Table["Employees"];
DataView dv=new DataView(myTable,"Country='USA'", "FirstName", Data
ViewRowState.CurrentRows);
textBox1.DataBindings.Add("Text", dv,"FirstName");
textBox2.DataBindings.Add("Text", dv,"LastName");
```

五、BindingSource 控件

BindingSource 控件与数据源建立连接，然后将窗体中的控件与 BindingSource 控件建立绑定关系来实现数据绑定，简化数据绑定的过程。

BindingSource 控件即是一个连接后台数据库的渠道，同时又是一个数据源，因为 BindingSource 控件既支持向后台数据库发送命令来检索数据，又支持直接通过 BindingSource 控件对数据进行访问、排序、筛选和更新操作。BindingSource 控件能够自动管理许多绑定问题。

BindingSource 控件没有运行时界面，无法在用户界面上看到该控件。

BindingSource 控件通过 Current 属性访问当前记录，通过 List 属性访问整个数据表。

任务实施

Step1：创建 Windows 应用程序项目。

Step2：从工具栏中拖放一个 bindingSource 控件，如图 13-25 所示。

Step3：修改 bindingSource 控件的属性 DataSource，单击下拉按钮，如图 13-26 所示。

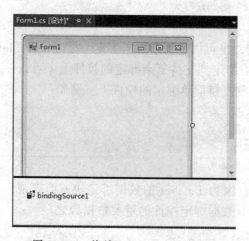

图 13-25　拖放 bindingSource 界面

图 13-26　设置 DataSource 属性

Step4：单击连接"添加项目数据源"，打开"数据源配置向导"界面，如图 13-27 所示。

Step5：选中数据库后，单击"下一步"按钮，打开"选择数据库模型"界面，如图 13-28 所示。

图 13-27　选择数据源类型　　　　　　图 13-28　选择数据库模型

Step6：单击"下一步"按钮，打开选择数据连接界面，如图 13-29 所示。
Step7：单击"新建连接"按钮，打开"添加连接"界面，如图 13-30 所示。

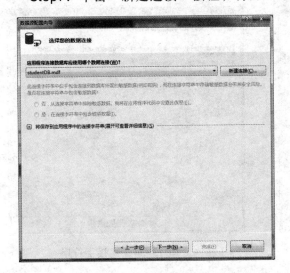 

图 13-29　选择数据连接　　　　　　图 13-30　添加连接

Step8：单击"更改"按钮，打开"更改数据源"界面，如图 13-31 所示。

Step9：填写服务器名".\sqlexpress"，选中数据库名称 studentDB，如图 13-32 所示。

Step10：单击"确定"按钮，返回"选择数据连接"界面，如图 13-33 所示。

Step11：单击"下一步"按钮，进入"连接字符串保存"界面，如图 13-34

所示。

图 13-31　选择数据库类型

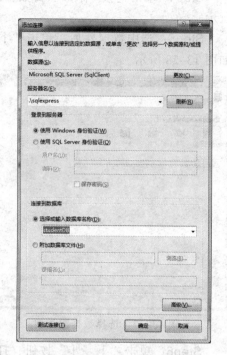

图 13-32　服务器和数据库选择

图 13-33　数据连接

图 13-34　连接字符串

Step12：单击"下一步"按钮，进入"选择数据库对象"界面，如图 13-35 所示。

Step13：选中 student 表后单击"确定"按钮，在 Form1 的下方自动生成一个 DataSet，如图 13-36 所示。

Step14：从工具栏拖放到 Form1 上一个 DataGridView 控件，如图 13-37 所示。

Step15：为 DataGridView 控件设置数据源，指定为 bindingSource 下的 student，如图 13-38 所示。

单元十三 数据库编程

图 13-35 选择数据库对象

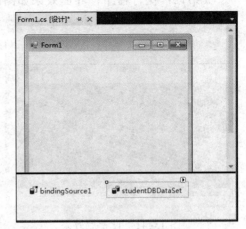

图 13-36 操作效果

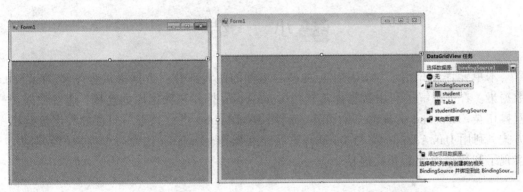

图 13-37 拖放 DataGridView 控件 　　　　　图 13-38 设置数据源

Step16：DataGridView 控件在指定数据源后，自动显示 student 表的列，如图 13-39 所示。

Step17：设置 DataGridView 控件列的 HeaderText 属性，如图 13-40 所示。

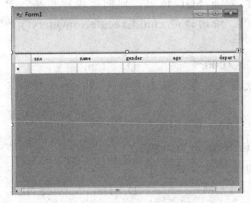

图 13-39 显示表效果

图 13-40 设置表头

Step18：表头设置后，单击"确定"按钮，Form1 上的 DataGridView 控件显示内容发生变化,如图 13-41 所示。

Step19:执行程序,界面效果如图 13-42 所示。

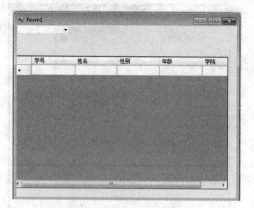

图 13-41　设置后效果

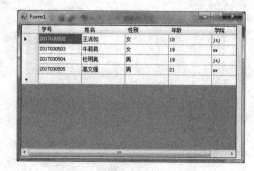

图 13-42　程序执行效果

小　　结

本单元详细介绍了 ADO.NET 的核心组件的两大部分:数据提供程序和 DataSet 数据集。着重讲解了利用数据库连接类 Connection 打开和数据库的连接,通过数据交互操作类 Command 实现命令的传递,利用 DataReader 进行只进、只读的数据流读出方式,利用 DataAdapter 类与 DataSet 进行交互操作。DataSet 作为一个虚拟的数据集,实现了和数据库的断开式连接。

习　　题

一、单选题

1. 某 Command 对象 cmd 将被用来执行 以下 SQL 语句,以向数据源中插入新纪录: insert into Customers values(1000,"tom")。请问语句 cmd.ExecuteNonQuery();的返回值可能为(　　)。
　　A. 0　　　　　　B. 1　　　　　　C. 1000　　　　　　D. "tom"

2. 为了在程序中使用 DataSet 类定义数据集对象,应在文件开始处添加对命名空间(　　)的引用。
　　A. System.IO　　　　　　B. System.Utils
　　C. System.Data　　　　　D. System.DataBase

3. NET 架构中被用来访问数据库数据的组件集合称为(　　)。
　　A. ADO　　　B. ADO.NET　　　C. COM+　　　D. Data Service.NET

4. 创建一个 Windows 窗体应用程序,在一个 DataTable 对象中每一行被成功编辑时保存数据,将处理(　　)事件。

A. RowUpdated　　　　　　B. DataSourceChanged
　　C. Changed　　　　　　　　D. RowChanged
　5. 在 ADO.NET 中，为了确保 DataAdapter 对象能够正确地将数据从数据源填充到 DataSet 中，则必须事先设置好 DataAdapter 对象的（　　）属性。
　　A. Delete Command　　　　B. Update Command
　　C. Insert Command　　　　D. Select Command

二、填空题

1. DataAsapter 是通过其_____方法实现以 DataSet 中数据来更新数据库的。
2. 使用 DataAdapter 对象的_____方法，可以对 DataSet 进行数据填充。

三、综合题

编写程序：

（1）数据库中有一张关于玩具的表，其数据结构如表 13-12 所示。

表 13-12　玩具表数据结构

字 段 名 称	字 段 类 型	字 段 含 义
ToyId	int	玩具编号
ToyName	char(20)	玩具名称
ToyRate	money	玩具价格

（2）使用 SQL 语言插入若干条数据。

（3）在一个窗体上设置一个 DataGrid 控件，运用 C#提供的 DataGridView 数据控件显示数据库玩具表的所有信息。

（4）实现按照玩具名称查询功能。

（5）实现"添加、修改、删除"功能。

四、上机编程

编程程序实现如下功能：

（1）创建一个通讯录数据库 addresslist（通讯录），其中包含一个 Tel（联系方式）表，表中包含姓名、单位、工作电话、移动电话、电子邮件等字段。

（2）使用 SQL Server 客户端，添加若干条数据。

（3）使用 DataGridView 对象实现数据的显示。

（4）实现按照姓名查询功能。

（5）实现"添加、删除、修改"Tel 数据功能。

参 考 文 献

[1] 郭基凤. 基于C#的管理信息系统开发[M]. 北京：清华大学出版社，2014.
[2] 李纯莲，刘玉宝，等. C#.NET实用教程[M]. 北京：电子工业出版社，2011.
[3] 耿肇英. C#应用程序设计教程[M]. 2版. 北京：人民邮电出版社，2010.
[4] 温谦，郑小平，等. C#语言程序设计. 北京：人民邮电出版社，2001.
[5] 周长发. C#面向对象编程[M]. 北京：电子工业出版社，2007.
[6] 李兰友，潘旭华，等. Visual C#.NET应用程序设计[M]. 北京：中国铁道出版社，2008.
[7] 韦鹏程，张伟，等. C#应用程序设计[M]. 北京：中国铁道出版社，2016.
[8] 王平华. C#.NET程序设计项目教程[M]. 北京：中国铁道出版社，2008.
[9] 谢修娟，等. C#程序设计基础与实践[M]. 北京：中国铁道出版社，2015.
[10] 蔡朝晖，安向明，等. C#程序设计案例教程[M]. 北京：清华大学出版社，2012.
[11] 郑宇军. C# 2.0程序设计教程[M]. 北京：清华大学出版社，2005.
[12] 张正礼. C# 4.0程序设计与项目实战[M]. 北京：清华大学出版社，2012.
[13] 杨克玉，阮进军. C#程序设计[M]. 北京：中国水利水电出版社，2011.